陈国胜 编著

农业品牌的道与术

中国农业科学技术出版社

图书在版编目（CIP）数据

农业品牌的道与术 / 陈国胜编著 . — 北京：中国农业科学技术出版社，2019.1
ISBN 978-7-5116-3654-6

Ⅰ . ①农… Ⅱ . ①陈… Ⅲ . ①农产品—品牌战略—研究—中国 Ⅳ . ① F323.7

中国版本图书馆 CIP 数据核字（2018）第 086240 号

责任编辑 穆玉红
责任校对 李向荣

出 版 者	中国农业科学技术出版社
	北京市中关村南大街 12 号　邮编：100081
电　　话	（010）82109707 82106626（编辑室）（010）82109702（发行部）
	（010）82109709（读者服务部）
传　　真	（010）82109709
网　　址	http://www.castp.cn
发　　行	各地新华书店
印 刷 者	北京富泰印刷有限责任公司
开　　本	710 mm×1 000 mm　1 /16
印　　张	19.25
字　　数	300 千字
版　　次	2019 年 1 月第 1 版　2019 年 1 月第 1 次印刷
定　　价	68.00 元

品牌，来自美好生活的呼唤……

目录

上篇

农业品牌之道

一个品牌就是一个世界，这个世界是否能够持久存在，就在于是否能够符合"道"，即不断为消费者带来独特的价值。

品牌其实是一个从"一无所有"到"无中生有"，再到"无所不有"的过程。

■ 所有生活的美学，旨在对抗一个字——忙。如果失去对生活美学的尊重，人活得再富有，也会对所拥有的东西失去安全感。

『天人合一』的『三才』观

　　"天"和"人"是中国传统哲学出现最早而又历时最久的一对哲学范畴，它包容了多种复杂的涵义。儒家的"天人关系"论的主流是"天人合一"，但有不同的表现形态，或表现为"天人相通"，或表现为"天人相

■ 所谓心从所欲，是指一切优雅的行为也都成为无意识行为，因为意识也融会在心中，和你成为一个整体。一切品味都也成为一种自然的流淌，或"为"或"不为"，不须刻意，更不须掩饰。

类"。孟子说："尽其心者，知其性也，知其性，则知天矣。"儒家另一类型"天人合一"论是以董仲舒为代表的在"天人相类"基础上的"天人感应"（"同类相动"）说，讲的倒大体是人与自然关系，但由于他的"天"是具有自然外貌的有意志、有目的的至上神，所以这种"天人关系"论反映了一种被扭曲了的人与自然的关系。

以老庄为代表的道家的"天"也是自然之天，而且比其他学派更彻底摒弃了神性的天，更深刻地强调人与自然的统一。《老子》说："故道大，天大，地大，人亦大。域中有四大，而人居其一焉。人法地，地法天，天法道，道法自然。""道"含有规律、道理、道术等多重意义，但最重要的是作为天地万物发生的根源和基础的本体意义。在"道"的基础上，天地人成为统一的整体。庄子进一步提出"万物一体"，"天地与我并生，万物与我为一"的思想。但老庄是"自然中心主义"，人虽然是"域中四大"之一，但在自然面前，人只能顺应它，"以辅万物之自然而不敢为"。庄子的"天"有时是指事物的本然状态，而"人"则是对这种本然状态的改变。

人们探讨中国历史上的"天人关系"论时，往往只注意讨论各个学派的不同观点，而相对忽视"天人关系"论的形成和发展与历史上经济活动，尤其是农业生产的关系。这是一种缺陷。其实，在中国古代的"天人关系"论中，更能反映人与自然的合理关系而可供当今借鉴者，是"三才"理论而不是"天人合一"；而"三才"理论正是中国古代劳动人民长期农业实践的结晶。

"三才"是中国传统哲学的一种宇宙模式，它把天、地、人看成是宇宙组成的三大要素，并作为一种分析框架应用到各个领域。这三大要素的功能和本质，人们习惯用天时、地利、人力（或人和）这种通俗的语言来表述它。中国传统农业的指导思想是"三才理论"。在"三才"理论体系中，"人"与"天""地"并列，既非大自然（"天""地"）的奴隶，又非大自然的主宰，他是以自然过程的参与者的身份出现的。"三才"理论指导下的中国传统农学，一方面顺应自然，尊重自然界的客观规律，集中表现在强调因时、因地、因物制宜，即所谓"三宜"观（物宜、时宜、地宜），把这看作是一切农业举措必须遵守的原则；另一方面又十分注意发挥人的作用。

品牌

品牌资产理论的鼻祖大卫·艾克：品牌是一项区别性的名称/标记符号（如某一标识、商标或包装设计），旨在辨识某一单体卖者或群体卖者的商品或服务，并使其区别于竞争者。

美国营销大师菲利普·科特勒：品牌是一种名称、术语、标记、符号或图案，或是它们的相互组合，用以识别企业提供给某个或某群消费者的产品或服务，并使之与竞争对手的产品或服务相区别。

两位大师的关键词都是"区别"。

著名战略大师迈克尔·波特：企业所做的一切努力都是为了与众不同，重要的不是做得最好和争取第一，而是创造差异与唯一。消费者记住品牌的差异与区隔就

■ 成熟，就是你越来越能接受现实，而不是越来越现实。人到中年，得学会携带着问题前行，与不那么如意的事情也能同生同长，尽量让自己步态正常，节奏感强，少去纠结，这才是可爱的人生态度。

■ 遵从本性，按自己的节奏过日子，这比刻意提慢生活强。某友人课题研究繁忙，但从不乱节奏，不谈慢也不谈快，只按自己的节奏行事，该干什么干什么，不急不乱，却更有效率更快乐。一个人的精气神才更重要吧，有节奏感的生活就是最好的养生。

是企业最伟大的胜利。

他的关键词是"唯一"，这告诉我们，个性是品牌的第一本质——差异比完美更重要，唯一比好更重要。

品牌的三大功能：可以方便消费者进行产品选择，缩短消费者的购买决策过程；造就强势品牌能使企业享有较高的利润空间；品牌可以超越产品的生命周期，是一种无形资产。

现代社会信息过载胜过任何一个时代，我们每天都遭到海量信息的"狂轰滥炸"，移动互联网和智能终端的普及，让信息更便捷地到达我们面前。而扑面而来的信息和信息过载，迫使我们的大脑只能进行选择性记忆。我们只能记住那些有特色、有创意、有差异的信息，这就要求企业在信息爆炸的时代，格外重视品牌建设工作。

品牌是什么？它是消费者对产品综合印象的总和，是在潜在顾客心智中占据的独特概念或认知，你的品牌能否入眼、入耳、入脑、入心，决定了你能否成为顾客的首选，能否获得更高的品牌溢价，能否做到基业长青。

品牌的意义

➤ 使企业成功的不是产品，而是品牌

相信品牌的力量。

未来的营销是品牌的竞争。拥有市场比拥有工厂重要的多，而拥有市场的唯一途径是拥有具有市场优势的品牌。

企业不能等做大以后，再实施品牌战略，而要从一开始就以品牌战略把企业做大。企业无论大小，品牌工作一定是一个当下就必须做的工作。所以从现在起，用品牌改变自己，让自己改变世界。

品牌自强根植于文化自信。文化是品牌之魂，没有文化内涵和底蕴的品牌将很难走远。

➤ 发展农业需要跳出农业，发展乡村要跳出乡村

用品牌促进农业农村"强富美"。

品牌农业是现代农业发展方向和目标，因为区域农业只有具有品牌，才能可能获得产品溢价，实现较高的产业价值。

农业区域之间的竞争赢在品牌，品牌不仅是竞争的利器，同样也是构筑竞争最坚固的防役壁垒。

农业竞争某种程度上是技术和品牌竞争。农业现代化离不开农业品牌化。创造品牌价值，腾飞中国农业。

■ 万事须讲"度"，率性而为不可取，急于求成事不成；心慌难择路，欲速则不达。过分之事，虽有利而不为；分内之事，虽无利而为之，是为"度"。这个"度"其实就是分寸，也是人生当中最难把握的两个字。

品牌元素

品牌元素是品牌成功的基础内涵。

1. 品牌名称

2. 品牌故事

3. 品牌标志

4. 标语（广告语）

5. 品牌风格

6. 品牌精神

7. 品牌设计与美学

8. 品牌品质

9. 品牌音乐

10. 品牌特色、特性或个性

11. 品牌包装

12. 品牌差异化

13. 品牌优越性

14. 品牌定位

■ 有时候，你总以为别人特别幸运，后来才发现，
不过是别人比你提前努力而已。那些在你眼里
毫无价值的努力，就是你和别人眼界上的差距。

品牌精神

　　品牌精神指在消费者认知中，品牌所代表、蕴涵的意义、象征、个性、情感、品味等综合文化因素的总和。品牌精神的本质是一种能够代表企业的富有个性的精神，它是品牌或品牌决策者在长期生产和经营中逐步形成的事业信念、价值观念或经营宗旨。品牌精神是品牌文化的重要组成部分，品牌精神既是决策者对事物的认识，也是企业长期发展过程中全体员工自觉实践而形成的，表现内容可以是具有代表性的人物、事件、信念、思想等。品牌精神受不同的经营领域内容、方式、历史传统和现实追求的制约而具有差异性，是品牌在生

■ 三溪用汗华一部对联中，名乎利乎道路奔波休碌碌，荣者徒荣辱者山清
静且停停，人生路上，大可学陶渊明采菊东篱下，学王维弹琴复长啸，
学苏轼倚仗听江声，字白居易能饮一杯无，学赵师秀闲敲棋子落灯
花，小闲，不小，串起来即成大境界，小闲，不闲，静心是娲得真性
情，今之所希，唯在小闲。

产经营活动中逐步形成的具有个性化色彩的思想表述，例如在竞争观念、质量观念和创新观念等方面的认识。品牌精神形式多样，传播渠道也多种多样，对强化员工的品牌意识和品牌市场推广有重要的作用。在消费感性化的现代社会，卓越品牌的魅力就在于它凝结了理念、情感、象征等文化内涵。品牌精神满足了消费者情感、心理层面的需要，成为竞争的关键要素。

为正确的核心价值观和使命感所驱使的生意一定可以做得长久。

品牌精神的评判

■ 没有谁能敌过岁月的流逝，没有人能够阻挡生命的进程。如还都在乎彼此的
话，你就遵从本心，循心而动吧，不要因为懦弱或骄傲而错过彼此。生命来
来往往，其实来日并不方长，珍惜身边人，愿你所爱皆得珍藏。

品牌精神可以从以下几个方面进行评判。

（1）符合品牌价值观。

（2）符合品牌实际情况，具有代表性，能取得全体员
工的认同，与品牌目标具有一致性。

（3）能促进品牌个性化生产经营、管理风格的形成。

（4）实际、可行，并获得员工的认同。

（5）增强员工的岗位意识，职业道德意识。

（6）升华员工工作动机，建立与品牌一致发展的信念。

■ 无论经商还是从政，想要成功都必须需要两手，一手忠诚，一手能力，如果没有忠诚，能力无足轻重！人生的高度取决于你读过的书和遇到的人！

  品牌亦如人之个性，可以风情万种，端赖企业智者如何形塑以创造商机。

  运用品牌性格，创造品牌价值。一以产品的功能利益，创造出品牌性格；二以表达消费者自我，创造品牌性格；三以和消费者发展关系，创造品牌性格，品牌性格五大特质面向包括：真诚、能力、兴奋，典雅、坚实。

  创造品牌个性与魅力的五个方式：一是采取人物造型，让消费者留下深刻印象；二是而利用心理特性；三是使用代言人，四是符合品牌定位；五是建立良好形象。

品牌战略

品牌战略是公司将品牌作为核心竞争力，以获取差别利润与价值的企业经营战略。

品牌战略规划内容主要包括了以下这些。第一是品牌定位。在做规划之前，一定要先做好品牌定位，只有对品牌有一个精准的定位，才能够更好的做规划。有些品牌由于没有精准定位，所以未来的发展也是十分的艰难的，想要做好品牌的精准定位，不仅要先做市场调研，了解消费者对于品牌的真实看法，而且还应该要提

炼出品牌的核心价值，品牌的定位还要做到不杂不乱，最好是进行单一的定位，这样才能够让消费者真正快速的记住品牌。第二是品牌传播，做好品牌定位以后，就需要进行品牌传播，品牌传播一般需要拥有固定的品牌元素，不管是在进行品牌包装设计还是在做广告的时候，都应该要拥有品牌固定的元素，这样更加容易让消费者识别。第三是品牌管理，直接决定了品牌将来能否得到长远发展。

■ 如果谁的意见都听不进去，总是觉得自己是对的，慢慢的谁都不再给他提意见。再也听不到真话的同时，只能自己慢慢成长。

品牌战略规划的5个核心

（1）提炼品牌的核心价值，作为企业的灵魂，贯穿整个企业的所有经营活动

品牌的核心价值的提炼，必需要进行全面科学的品牌调研与诊断，充分研究市场环境、行业特性、目标消费群、竞争者以及企业本身情况，为品牌战略决策提供详细、准确的信息导向，并在此基础上，提炼高度差异化、清晰的、明确的、易感知、有包容性、能触动和感染消费者内心世界的品牌核心价值，一旦核心价值确定，在传播过程中，把它贯穿到整个企业的所有经营活动里。

（2）规范品牌识别系统，并把品牌识别的元素执行到企业的所有营销传播活动中去以品牌核心价值为中心，规范品牌识别系统，使品牌识别与企业营销传播活动的对接具有可操作性；使品牌识别元素执行到企业的所有营销传播活动中，使每一次营销传播活动都演绎和传达出品牌的核心价值、品牌的精神与追求，确保企业的每一次营销广告的投入都为品牌做加法，从而为品牌资产作累积。同

时，还要制定一套品牌资产提升的目标体系，作为品牌资产累积的依据。

（3）建立品牌化模型，优选品牌化战略；通过整合所有的资源，实现品牌价值的提升

规划好科学合理的品牌化战略，并且考虑和优选品牌化战略，是品牌战略规划中重要的环节。在单一产品格局下，营销传播活动都是围绕提升同一个品牌的资产而进行的，而产品种类增加后，就面临着很多难题。

（4）进行理性的品牌延伸扩张，避免"品牌稀释"的现象发生，追求品牌价值最大化

品牌战略规划的重要内容之一，就是对品牌延伸进行科学和前瞻性的规划。因为创建强势品牌的最终目的，是为了持续获取较好的销售与利润，使企业能够持续健康地发展；为了实现企业的跨越式发展，就要充分利用品牌资源这一无形资产，实现品牌价值的最大化。

（5）加强品牌管理，避免"品牌危机"事件的发生，从而累积丰厚的品牌资产

如果要创建强势品牌，累积丰厚的品牌资产，就要加强品牌的日常管理和维护，尽量避免"品牌危机"事件的发生。第一，要完整理解品牌资产的构成，透彻理解品牌资产各项指标如知名度、品质认可度、品牌联想、溢价能力、品牌忠诚度的内涵及相互之间的关系。第二，在此基础上，结合企业的实际，制定品牌建设所要达到的品牌资产目标，使企业的品牌创建工作有一个明确的方向，做到有的放矢，减少不必要的浪费。第三，围绕品牌资产目标，创造性地策划低成本提升品牌资产的营销传播策略，并要不断检核品牌资产提升目标的完成情况，调整下一步的品牌资产建设目标与策略。第四，建立"品牌预警系统"，避免"品牌危机"事件的发生；如果"品牌危机"事件真的发生了，要及时处理和用一种声音说话，尽量减少品牌的损失。

■ 当朋友不麻烦你的时候，可能已经有隔阂了！人其实就是生活在相互麻烦之中，在麻烦之中解决事情，在事情之中化解麻烦，在麻烦与被麻烦中加深感情，体现价值，这就是生活！所以说要珍惜身边麻烦你的人！也感谢我曾经麻烦过的你！

中国是一个农业大国，有着悠久的历史，不少农产品都具有几百年甚至上千年的生产历史。每一种农产品都有可能经历过多次的生产变革、物种兴衰，并与人产生千丝万缕的联系。而对具有悠久历史产品，消费者的信赖程度和文化偏好程度更高。消费者心理上通常会认为，只要经久不衰的产品才是优质的、经得住考验的。因此，基于农产品区域公用品牌策划历史文脉的传播，能够向消费者传达一种可靠的品牌信息。

如今，许多农产品在缔造品牌形象时，都会利用历史文脉进行传播推广。的确，品牌的历史文脉已成为市场制胜不可或缺的利器。随着我国农业农村向现代化转型的快速推进，很多区域性产品也逐渐开始认识到品牌历史文脉的重要性。相当多农产品品牌背后，都积淀了深厚的历史文脉基础，善于利用历史文脉、挖掘品牌故事、进行传播营销，在市场突围的过程中大放异彩。在传播营销过程中，农产品区域公用品牌策划要善于利用历史文脉，能带来更高的产品附加值。

■ 人生之苦，苦在执着；人生之难，难在放下；人心之烦，烦在计较；生活中，你在意什么，什么就会折磨你；你计较什么，什么就会困扰你。纵使天大的事，当你用顺其自然的心态去面对时，就会发现其实没什么，只是自己想的太复杂而已。

特产品牌特有的根与魂

　　每一种特产背后独特的历史与文化，是特产品牌的根与魂。特产特殊和奇妙之处在于，每一种特产背后都有独特的、与生俱来的历史与文化，这就是在场地和品类中蕴含的、在原产地中流传的、与特产伴生的无形的东西，有历史、传承、工艺、精神等构成，这是特产品牌的根与魂，使特产品牌得以生存、扎根和成长的土壤。因为这是特产最具差异、最富价值和最有生命力的地方。

　　为特产找魂，实现从产品到品牌的升华。抢占历史资源，抢占产地资源，抢占工艺资源，寻找和挖掘产品和品牌文化，就是为特产找到它的根与魂，这是做品牌不被外界所知的却是最重要的工作。

■ 负面和正面的人之间的差别，在"一念天堂，
一念地狱"的抉择中。不仅要远离负能量的
人，自己也要充满正能量。

■ 自己挺住、贵人相助、小人监督，是职场可持续进步三要素。而假使你能够不管情形如何，总坚持着你的意志，总能忍耐着，则你是已经具备了"成功"的第一个要素了。

　　品牌符号是区别产品或服务的基本手段，包括名称、标志、基本色、口号、象征物、代言人、包装等。这些识别元素形成一个有机结构，对消费者施加影响。它是形成品牌概念的基础，成功的品牌符号是公司的重要资产，在品牌与消费者的互动中发挥作用。

　　品牌符号化，是最简单直接的传播方式。

　　品牌符号化最大的贡献：就是能帮助消费者简化他们对品牌的判断；对于企业而言是最节省沟通成本的做法。

　　品牌的表达要从视觉（就是识别符号）和广告语（核心竞争力）两个层面进行构建——向消费者展示你是谁，然后告诉消费者你能解决他们什么冲突；两者缺一不可。

　　品牌识别符号不仅仅是品牌名的设计，他是品牌的"相亲照"，你希望你未来的爱人记住你的第一印象是什么？

品牌图腾

　　品牌图腾，是一个品牌独有的品牌灵魂（精神）、气质和形象的载体。品牌图腾是品牌视觉体系中最核心的要素，是品牌外在化最重要的表现，能够让人一眼记住，能够让消费者直接、鲜明地感知到品牌形象和差异。

　　在创建品牌符号体系时，要抢占公共资源，抢占那些辨识度高、公信力强、最能代表品类和产地、最能够与产品产生有机关联的公共资源打造最有影响力的品牌图腾。在喧嚣的网络世界里，用公共资源构筑的品牌图腾是最好的传播利器。

■ 特别要记得，一辈子仅有的几次改变命运的机会出现的时候，一定是让你忐忑难安甚至要克服巨大压力的。那种让你舒服兴奋并且被大多数人赞同附和的"大机会"，基本上不是鸡肋就是陷阱。

■ 与其探究前世的情缘，不如把握眼前的缘分。与其寄望来世的美景，不如耕
耘当下的福田。

品牌不是静止的，应该是动态的。品牌需要发展，以适应一代又一代顾客的需求。品牌创新是指随着企业经营环境的变化和消费者需求的变化，品牌的内涵和表现形式也要不断变化发展。品牌创新使企业在发展受阻时可以寻求更大的发展空间。品牌创新，实质就是赋予品牌要素以创造价值的新能力的行为，即通过技术、质量、商业模式和企业文化创新，增强品牌生命力。品牌创新包括质量（管理）创新、技术创新、商业模式创新和企业文化创新等。

➤ 品牌创新的思路

1. 创立新品牌

根据市场的变化和企业自身技术、经济能力，对品牌从结构到性能、服务等方面进行完全的创新，采用新原理、新技术形成新的产品品牌，与现有的品牌完全不同，给消费者一种全新的感觉。

2. 创新品牌的用途

通过对原有品牌在设计、形象等方面的在开发，使其产生更宽更广的用途，扩大品牌的使用范围。

3. 提升品牌内涵

品牌所以区别于产品，是因为他有着深刻的内涵。通过对品牌内涵的创新，为品牌发展提供更宽之路，也是品牌创新的独特之法。

　　小成功靠个人，大成功靠团队。没有完美的个人，只有完美的团队。

　　众人必须有统一的目标，却擅长并沉浸于不同的领域，发展才能顺理成章。

　　有能力而目标不同会相互损耗，顾此失彼，会阻碍团队以及个人发展。而同质化又会带来资源以及能力损耗，并且不可避免的会在某些不擅长的点上花费更多精力。

　　不在"讨论"上花费过多精力，花更多的时间在"决策"上。第一点决定做不做，第二点决定做多久，剩下的利弊，过多的考虑都是浪费时间。

　　➢ 打造强大执行团队，必须建立六大优秀的执行文化

（1）行动主义的文化。每一个人都必须有强大的行动力，行动力执行力的起点，没有行动力，不可能有很好的执行力，行动力体现在每一个员工都是实干主义，每一个人都在讲如何解决问题，如何为公司创造价值。看出问题是水平，解决问题是能力，在公司里面，所有人都应该聚焦于发现问题后要解决问题。

（2）结果主义的文化。公司所有人都追求结果导向，而非形式主义，所有人做事情都要想到结果，每天都要用 OEC 管理法，每一天都要想到今天要完成什么结果，必须要日事日毕，日清日高。

（3）责任担当的文化。在公司里面，作为一个职业化的员工、职业化的管理者，和普通员工最大的区别就是必须讲结果，没有资格讲理由，没有资格推卸责任。当工作结果不好的时候，当违反制度的时候，要一手承担起来，主动承担责任，这是一个人职业化能不能跨越过去的重要的一坎。

（4）信守承诺的文化。自上而下，所有人都会强调信守承诺，使命必达。答应的事情就必须做到，确定的目标必须全力以赴，所制定的计划必须有结果。在运营管理的时候，每一次在做每一项计划的时候都必须体现三大要素：第一个要素就是结果定义清楚；第二就是时间必须要有明确的节点；第三就是有承诺。

（5）客户价值导向的文化。每个员工必须注意公司除了外面的客户之外，还有一个非常重要的客户，就是内部客户，要把你的领导作为自己最大的内部客户，同事也是自己内部客户，下属也是内部客户。

（6）速度第一的文化。员工在做任何事情，一定要强调效率效率，速度速度，不要拖延，永远强调马上去做，立刻去做。在追求速度的过程中追求完美，而不是等待所有的条件都具备的时候，才去行动，这是行动力非常重要的特点。

■ 无求，自然不争。不争，自然无嗔。无嗔，自然少怨。少怨，自然多福。柔和者，自然善良。大度者，自然超脱。深远者，自然开阔。有容者，自然喜悦。

■ 凡事要"认真而不当真"，二者少了哪一个都不行。当真，就容易变成执着；不认真，就容易流于放逸。对人对事要有"放得下"的洒脱，也要有"拿得起"的担当。

优秀品牌经理人的能力、特质及历练

➢ 品牌经理的四大能力

（1）多元化专业能力。品牌经理是一个整合性工作，以及告诉别人应该如何做的指挥者。因此必须有多元化的专业能力，这些专业能力包括了行销专业知识、产品研发、业务销售、产销协调、广告、公关及财务损益表分析等各种部门的历练或学习成长。

（2）沟通协调能力。

（3）洞察力。

（4）守护品牌的决心。

➢ 品牌经理的五大特质

一是对品牌充满热情，二是工作能吃苦耐劳，经常忍受超时工作，三是头脑灵活，懂得随市场变化而变通，四是源源不断的创意，五是不断学习，追求深度以及广度成长的人。

➢ 品牌经理的四大考验历程

一要曾经主导企划并执行过新商品上市的活动及成功经验，二要研拟过品牌长期的行销策略，三要经常到通路及卖场上，听取店员、顾客及店老板的意见及反映，四要面对竞争对手激烈挑战，仍维持市场占有率及市场领先的品牌地位。

定位理论的演变

定位，简而不单。是战略的核心，是品牌的本质，是占有消费者的心智资源，是企业成长的源泉。定位本质上是在用户心智层面提供导航，指引企业的发展方向。

（1）20世纪70年代：定位的诞生。营销的竞争是一场关于心智的竞争，营销竞争的终极战场，不是工厂，也不是市场，而是心智，心智为王，心智决定市场，也决定营销的成败。定位的本质是解决占有消费者心智资源的问题。

（2）20世纪80年代：营销战。随着产品的同质化，市场竞争的加剧，

■ 为什么精神贫穷的人多于物质贫穷的人？
第一，缺乏信仰；第二，总是和别人比较；
第三，对美好的事物不感动；第四，不懂
施舍；第五，不知足；第六，焦虑；第七，
压力大，标准高；第八，不敢坚持做自己；
第九，得失心强患得患失。

企业很难仅通过满足客户需求的方式，在营销中获得成功，于是，从竞争的极端形式——营销战中寻找营销战略规律。

（3）20世纪90年代：聚焦。企业和品牌要获得竞争力，唯有聚焦。在定位理论上，首先就是聚焦，聚焦之后，站在自己聚焦的产品或品类上，给自己聚焦的品类进行一个理念的诉求，然后围绕自己定位的理念进行视觉或者是全方位的销售打造。企业应该聚焦一个行业，甚至聚焦某一细分品类去突破，把有限的资源投入到别人的弱项以及自己的强项上去，这样才能解决竞争问题。

（4）21世纪：开创新品类。自然界为商业界提供了现成模型，品类是商业界的物种，是隐藏在品牌背后的关键力量，消费者"以品类来思考，以品牌来表达"，分化诞生新品类，进化提升新品类的竞争力量。企业唯一的目的就是开创并主导新品类。企业创建品牌的正道是把握分化趋势，创新品类，创建新品牌，发展品类，壮大品牌，以多品牌驾驭多品类，最终形成品牌大树。

视觉时代的定位之道

定位理论本身进入了一个三维时代，最初定位是一个文字概念，经过里斯先生和劳拉·里斯女士的不断丰富，如今对于定位理论的解读已经进入了新的三维时代。分别是哪三维呢？

一词定心智。你需要找到一个词，然后去占据它。比如沃尔沃的"安全"，宝马的"操控"，奔驰的"乘坐"，这个词就像一颗钉子一样，将想要传达的品类信息钉入消费者的心智中去。

定位理论的继承人劳拉·里斯在这个方向上面做了一个新的发展和延伸，即一图锤心智。她提出，必须通过视觉将这颗钉子钉入心智，也就是视觉锤。比如消费者到了俄罗斯，可能看不懂俄文，但只要看到一个黄色的拱门，就知道那是麦当劳，这就是视觉锤。

声音也有力量。劳拉·里斯在她的新书《战斗口号》中写到，必须将"定心智"的这个词变成可以在终端传播的口号，通过这个口号来让这个词在心智中扎得更加深刻。

我们想要强调的是，视觉部分是企业品牌设计的重要部分之一，它产生的作用和影响持久而深远，企业品牌都想要占据心智，而视觉恰恰是占据心智的开门利器。

■ 愚者沉迷过去，苟且现在，妄想未来。智者基于过去，把握现在，谋划未来。觉者活在当下，笑对过去，静待未来。

产品承接定位三大原则

> ➤ 产品直接体现品类或定位的差异化

当一个品牌绑定某一个具有差异化的品类后，其产品最佳的做法是承接品类，将品类特性作为产品特性，围绕差异化品类进行产品设计。如若品类本身是一个成熟的品类，不具有差异性时，产品则需要体现品牌定位，由定位指引产品的设计。无论是品类差异还是品牌差异，产品必须要直接体现差异化，从众多的同质化产品中脱颖而出。

> ➤ 聚焦核心品项，把握品类中最主流市场，打造一款有利于品牌在心智中建立认知的产品

对品牌商而言，给予消费者过多的选择权反而会扰乱消费者心智，为建立清晰的认知徒增壁垒。从另一个角度来看，企业无论大小，其资源都是有限的。在战略推进初期，需要聚焦资源，单点突破，打造一款能够承接战略、最有利于品牌在消费者心智中清晰建

■ 吃饱了，是因为吃了三个馒头，而不是第三
个馒头。同样，让生活越来越好的，也不会
是某个瞬间，而是蛰伏在平淡中的每一个日
常。生命里的每一件琐细之事都将作用于我。
昨日种种，今日结果；今日所行，明日所得。

立认知的产品。而核心品项需要把握品类中的最主流市场，才能在战略推
进的第一步迅速看到效果，进而提升品牌拉力，建立品牌认知。品类不同，
其细分市场的划分方式也有所区别，可以是价格、可以是客户群体，亦可
以是口味等，需要企业通过不断的调查和研究发现品类中的主流。

➤ 适时丰富产品线布局

实际上，即使聚焦某一品类，品类中也存在很多细分市场，以一款或
某几款产品通吃所有细分市场，并不现实。然而，过早布局多个产品，延
伸产品线，会混淆消费者认知，丧失在消费者心智中建立品牌的机会。因
此，品牌商需要把握时机，避免在认知尚未建立之时过早进行产品线延伸。

明确差异化的品类和定位后，产品是承接战略、使其落地的关键环节。
没有产品在地面承接，不足以将品类和定位形成战略。打造品牌，必须重
视与消费者接触最多的产品，才能最终将品牌铺入消费者心智。

避免『延伸陷阱』

■ 生活里，我们都有一个错觉：幸福总是别人的，唯有烦恼属于自己！于是，我们一天天感受着所谓的烦恼，一天天寻找着，其实就在身边的幸福！蓦然回首，会发现幸福正在拐角处对我们微笑，静静地等候着和我们一起回家。在这个世界上，你未必是最幸福的，但你肯定不是最不幸的。

　　定位的主要目的是什么？是为了在消费者和潜在顾客的心智中拥有一个品类。而做到这一点的最佳方式就是：成为"新品类中的第一品牌"。

　　但如果把一个品牌名称放在两个品类上，则很难跳过消费者认知这个门槛。如同一个"实体产品"不可能被同时放在两个地方，一个"心智产品"——品牌名，也不能同时被放置于两个地方。

　　在定位理论中，我们将其称之为"延伸陷阱"。避免"延伸陷阱"也是最重要的定位原则之一，没有一个品牌名称可以在潜在顾客的心智中同时占据两个位置。

　　移动互联网时代的第一定位法则——避免"延伸陷阱"，或者说在新品类中避免使用既有品牌名称，虽然只是定位理论的很多原则之一，但如果一家公司开始就踏入了"延伸陷阱"，那么其他的都不再重要了，因为品牌运作已经出现根本性失败，是否遵循定位理论的其他原则也不再重要了。在移动互联网时代，品牌战略的最根本法则也正在于此。

"易"是中国哲学之源，其核心是"易道"，它以阴阳平衡的原理，结合五行道学而形成了中华民族特有的文化理念。

《周易》所指的"三易"是"不易、变易、简易"。世间万事万物，现象多为"变易"，规律最为"不易"，真理更为"简易"。

品牌之"变易"，说明品牌不是一成不变的，因为用户的需求是随时变化的，这就要求企业以变制变，以变取胜。对企业来讲，创造顾客的需求永远是动态的，而不是静态的。

品牌之"不易"，是指品牌有其不变之处，即品牌的本质，就像管理大师彼得德鲁克所说，"企业的唯一正确而有效的定义就是创造顾客"，从这个意义上讲，只要有了客户资源就是一个品牌。

品牌之"简易"，是指企业发掘到用户的需求后，如何用最简单的、最快的方法去满足用户需求？我们一定不能把简单问题复杂化，而应该把复杂问题简单化，这就要求企业的流程能够最短最快地满足用户需求。所谓大道至简，就是把一个看似复杂、不易说清楚的事说明白。涉及品牌，需要提的要求是，如何让一般人都能理解？

■ [吸引定律]当你的思想专注在某一领域的时候，跟这个领域相关的人、事物就会被你吸引而来。

品牌资产

■ 有的人喜欢游山玩水，不是为了写出夺人眼球的游记，甚至没有行
万里路的目标，什么都不为，就是纯玩。徜徉在山水之间，人就像
回到了心灵的港湾，所有世俗羁绊统统抛却，只给自己留下一片青
山绿水。有的人在旅行的过程中拍出精彩的照片，只是因为喜欢才
去做，并不是为了得到什么。

品牌资产也称品牌权益，是指只有品牌才能产生的市场效益，或者说，产品在有品牌时与无品牌时的市场效益之差。

衡量品牌资产有几个方面，首先是品牌的认知度。再进一步，就是品牌可感知的品质。这是需要通过一定的努力使人们对你形成的整体认知，一种"厚重感"。品牌资产中，品牌联想是极其重要的部分。何为联想？就是当你想到消费某一类产品，就能想到我这个品牌。当品牌成为某一产品品类的代表，或成为人们生活中不可或缺的元素，品牌就具有强大的驱动力。

品牌资产是与品牌、品牌名称和标志相联系，能够增加或减少企业所销售产品或服务的价值的一系列资产与负债。它主要包括5个方面，即品牌忠诚度、品牌认知度、品牌知名度、品牌联想、其他专有资产（如商标、专利、渠道关系等），这些资产通过多种方式向消费者和企业提供价值。

品牌资产除了包括上述几个方面内容以外，还应包括品牌溢价能力、品牌盈利能力。在品牌资产金字塔中，最终能够为品牌主带来丰厚的利润，获取更多市场份额的便是品牌忠诚度和品牌溢价能力这两大资产。品牌忠诚度和品牌的溢价能力属于结果性的品牌资产，是伴随品牌知名度、认可度、品牌联想这三大品牌资产创建后的产物。

现代品牌理论认为，品牌是一个以消费者为中心的概念，没有消费者，就没有品牌。所以营销界对品牌资产的界定倾向于从消费者角度加以阐述。

品牌权益的5大来源

品牌权益是指品牌赋予产品的附加价值，其价值反映在厂商、交易与消费者之间。

（1）品牌忠诚度：降低行销成本，交易标杆，吸引新顾客，创造知名度，再保证，有时间回应竞争的威胁。

（2）品牌知名度：品牌联想的基准点，熟悉的感觉，实体或承诺的讯号，可列为被考虑的品牌。

（3）知觉品质：提供购买的原因，用以差异化或是定位，价格的基础，引起通路成员的兴趣，可进行延伸。

（4）品牌联想：帮助处理重新取回资讯，差异化或是定位，提供购买的原因，创造正面的态度与感觉，可进行延伸。

（5）其他专属品牌资产：创造出竞争优势。

■ 当你持续地说你非常忙碌，就不会得到空闲。当你持续地说你没有时间，就不会有时间。当你持续地说这件事明天再做，你的明天就不会来。

品牌愿景，关键是要解决"我要成为谁"的问题，并以此作为品牌规划的战略方向。

品牌愿景设计和提炼，应遵循"四度"原则。

高度，讲究的是"产业占位，力拔头筹"。高度是指要把愿景整体提升到大产业高度，彰显境界和地位，能够锁定在产业的位置，争做第一，力拔头筹。

广度，讲究的是"统领群雄，高效协同"。广度是指要有效包容企业现有业务，能够对业务实现统领，是它们之间高效协同。

力度，讲究的是"势如破竹，威震天下"。力度是指要形成巨大的品牌动力，通过愿景为品牌注入强劲的力道。

远度，讲究的是"高瞻远瞩，顺势而为"。远度是指要能顺应行业未来的发展需求，看到未来的发展趋势。

品牌愿景『四度』原则

■ 玩的最高境界是完全忽略功利性的东西，是纯玩。我们玩摄影，玩书法，玩文字，玩音乐，因为喜欢，所以沉浸其中，乐此不疲，不要老指望自己玩的东西会带来什么经济收益。如果有人问你为什么玩你可以简单地告诉他就是为了玩而玩。。

■ 当我们的心量狭小时，即使今天一件很小的事，我们也会为之难过、为之忧愁、为之起恨。因为我们放大了它，放大到一定程度，压得自己都透不过气来。正确的做法是什么呢？我们应当把事情缩小。

一个品牌的内在驱动力，应当由需求满足（消费品品质、消费者体验满足）、互动沟通（品牌主体与消费者、公众等相关利益者沟通的便利性、沟通的对等性）、个性表达（产品、服务、符号生产形成的品牌意义、品牌价值、品牌形象、品牌性格的个性差异）、价值共生关系（品牌、品牌主体、社会、消费者、股东、员工等各方共创、共赢、相互忠诚、共同成长）等四种驱动力互动整合构成。上述四项品牌竞争的内在驱动力，构成基本的品牌驱动体系。

在品牌实战时，或全轮驱动、高速稳定安全地发展，或根据市场环境进行实时调整，形成四轮驱动力之间的有机整合、系统运行。该驱动力系统整合、互动支撑品牌赢得竞争，并偕同消费者等各方利益者走向价值共享、共同成长的理想境界。

品牌应该传播什么？不是依据企业老板的个人喜好，也不是产品的所有优点，而是品牌的核心价值，是为了赢得竞争。消费者对品牌的认知要分阶段完成，我们将这个过程分成三个阶梯，代表着不同阶段的品牌传播目的和内容导向。

第一个阶梯：产品认知阶梯。这是推动消费者尝试消费的阶段，具体内容包括产品品类、品质、特性、功能、益处等，可以从产品的功能、工艺或者企业的实力等不同角度分析，但目的都是让消费者认知产品。

第二个阶梯：品牌情景阶梯。主要是为了培养品牌的消费习惯，具体内容包括品牌的角色、消费时间、地点、场合等，要让消费者看到品牌时，快速联想到这些内容，或者一旦消费者处在这样的情境中，就能快速联想到品牌。

第三个阶梯：精神价值阶梯。这是建立消费者品牌偏好和培养消费者忠诚的需要，具体内容是品牌所带来的符号意义和情感价值。每个成功的品牌都需要有鲜明的个性和独特的精神价值。

在实际操作中，不管是广告、公关还是推广活动，或者是具体的传播物料，在品牌价值的呈现上，都应该遵循这一逻辑，也许会同时包含这三个阶梯内容，但必须有所侧重，侧重什么则根据品牌市场周期、品类成熟度作出选择。

■ 一个人突然被一支毒箭射中，旁边的人要帮他把身上的箭拔出来。他说，等等，先找找这支箭是哪里射过来，这支箭是什么材质造的，别人为什么要射我，等他把原因找到的时候，人也死了。故，不要去寻找这个世界的第一因，这根本不重要。重要的是当下，重要的是你现在的心态，重要的是如何以喜乐的心去欣赏你当下所碰到的所有的人、事、物。

品牌塑造的基本过程

■ 为保持身体健康，每天至少要吃 30 种不同的食物，可谓杂矣。我们的饮食不宜太精细，正如古人所言杂食者，美食也。

　　品牌塑造的基本过程，包括品牌规划（定位）、产品开发、品牌传播、品牌评估、品牌拓展五个方面。

　　首先要做好品牌规划，要清楚这个牌子是什么？它代表了什么？它有什么独特的内涵？应该怎样去讲？这是最基本的。

　　然后进行产品开发，所有工作，都要围绕着品牌去做。品牌诠释产品，产品提升品牌。有了好产品，就有了沟通宣传的好素材。

　　品牌宣传就是让受众了解这块牌子意味着什么。品牌传播是品牌化运营中最花费时间、精力的方面。

　　品牌评估是调查分析品牌在目标受众中的影响力大小，判断品牌在哪些方面弱了，哪些方向需要改进，哪些好的方面需要维护或强化，从而使品牌传播更加有的放矢。

　　品牌拓展就是将成功的品牌打入更多领域，获得更大的回报。

　　这五个方面，也是品牌化经营的主体工作。

品牌忠诚度就是来自于消费者对产品的满意并形成忠诚的程度。对于一个企业来讲，开发新市场、发掘新的顾客群体固然重要，但维持现有顾客品牌忠诚度的意义同样重大，因为培养一个新顾客的成本是维持一个老顾客成本的 5 倍。维持品牌忠诚度的通常做法有。

➢ 给顾客一个不转换品牌的理由。比如推出新产品，适时更新广告来强化偏好度，举办促销等都是创造理由，让消费者不产生品牌转换的想法。

➢ 努力接近消费者，了解市场需求。不断深入地了解目标对象的需求是非常重要的，通过定期的调查与分析，去了解消费者的需求动向。

➢ 提高消费者的转移成本。一种产品拥有差异性的附加价值越多，消费者的转移成本就越高。因此，应该有意识地制造一些转移成本，以此提高消费者的忠诚度。

■《道德经》治大国若烹小鲜。短短七个字，蕴涵着极为深刻的哲学道理。世间万物，大到治国，小到烹鱼，都是一个道理，掌握好火候，把握好度。适者有寿，适指适度、适当、适应。适度是凡事不过分，不过激。适当是把握好事物与环境之间的全方位、多角度、多层次的关系。适应是随着外界环境的变化，自身也要相应地变化，即与时俱进。

品牌定位需要回答的问题，大致有四个：一是品牌的价值取向问题；二是目标顾客是谁；三是品牌的个性形象是什么；四是品牌的核心利益是什么。

品牌的价值取向，是品牌最重要的方面，是品牌形象的核心。它反映这个品牌的主张和追求，它为了什么，能给予目标受众什么？把它明确下来之后才能围绕它去做宣传。

目标消费群体。品牌不可能对所有的顾客都适用且有价值，否则等于没有品牌。品牌一定是针对某个群体的。品牌就是和目标受众建立起来的一种关系。建品牌就是去建关系。那么，怎么建立关系呢？首先要准确把握目标顾客最关心、认为最重要和最迫切的需求，然后把品牌和他们最希望的东西关联起来，形成"我们的品牌能最好地解决你们所最关心的问题"这样一种认知。品牌传播不是简单地告知，而是与目标受众建立起深刻的纽带联系。这

■ 商业模式本质是商业中最精彩、最奇妙、会给人带来很多惊喜的东西。其核心为创造价值，传递价值，收获价值。而模式创新主要来自价值创造环节，一定要在这个方面有所突破，后面的传递价值和收获价值才有意义。

■ 生活需要随缘。在人生旋转舞台上，很难预测转光灯下一刻照到哪个
位置。这完全源于生活是个未知的过程。所以，你没必要为自己设置
过多的苑囿，而是在更广阔的天地遨游

种纽带的建立，取决于品牌怎样切入目标受众最关心的
事情。

品牌的核心价值主张，又包括两个方面：一是核心利
益，一是个性形象。前者是品牌所倡导的产品利益或特
征，是向消费者所传递的一种购买的理由或销售主张。后
者为品牌所特有，是能在消费者心中留下鲜明形象和丰富
联想的特征。核心利益和个性形象，是品牌定位最具操作
性的内容。

重定位

当产品或品牌面临业绩严重衰退，而且顾客流失很大，就代表公司的过去品牌定位已经出现问题警讯，不符合时代发展的要求。此时公司要下定决心展开品牌（或产品）的"重定位"，以挽救这个品牌的衰败或退出市场。

（1）产品必要时必须重定位：即改变原先定位，转向新定位。

（2）重定位时机：①品牌老化了。②目标客户老化了。③销售严重衰退不振。④看不到未来。⑤年轻族群，不喜欢。⑥产品不受欢迎了。

■ 完美的东西并非适用所有环境，而适用的东西也毋须苛求完美。

品牌信用度

■ 单靠某一领域、某一专业知识，要想实现创新已经越来越难，而如果把若干种知识进行交叉、结合，创新的空间还很大。现在所有基于学科分类的单一知识，都不足以应付未来的需要。

品牌建设的核心在于品牌信用度，打造科学的诚信体系，营造良好的诚信环境。品牌作为一种无形资产，最核心的内容是商务的信用问题，要利用大数据、互联网技术发展信联网，利用大数据、云计算技术构建新的商务信用评价体系，建设好全国信用信息共享平台。

一个商标品牌信用度越高，该商标所承载的服务选择成本越低，消费者选择的可能性越大，提升品牌信用度，能够显著提高顾客的选择效率。只有抓住质量品牌，企业才能抓住顾客、抓住市场、抓住未来，才能实现转型发展。

品牌经济

　　品牌经济，是基于一定的资源体系和自然经济、货币经济等，进一步通过符号生产、关系生成、价值赋予等无形价值的生产过程，形成以独特价值为核心的信用经济。

　　作为信用经济的品牌经济，呈现出三大特征。

　　➤ 以符号经济提升实物经济价值

　　作为信用经济的特殊形态，品牌经济是可以提升实体经济价值的符号经济，它非单纯的着眼于产品（服务）的功能利益，更着眼于附加在产品（服务）上的符号意义。

➤ 以占领消费者心智创造新型经济关系

经济关系，即生产关系，在生产、交易、消费过程中产生的经济关系。不同的经济关系，形成不同的关系链。不同的关系链，形成不同的经济价值。品牌经济是增加资源经济价值的关系经济，非着眼于单纯的资源价值竞争，更着力于消费者心智资源的占领。

➤ 以意义阐述与价值构建创新经济价值

符号所具有的价值与商品的价值都具有价值的本性。品牌经济是价值经济。以价值而非以价格等其他因素为核心经济意义。换句话说，以品牌的价值与价值感获得良好的消费关系，继而进一步获得更高的经济效益。品牌经济是超越价格等经济优势的价值经济，非单纯的以价格等优势满足消费，而更着眼于对产品的价值提升与再造，着眼于消费者对一个品牌的消费满足感和价值感。

综上，品牌经济是以实体经济为基础的符号经济；以消费者心智占领为目的的关系经济；以产品与符号的意义构成与阐释为价值的价值经济。非以实有资源的低价销售为代价，而以满足消费者需求的优质产品、服务为基础的符号生产、关系生成、价值赋予等，创造竞争的核心价值，构成信用体系，表达消费承诺，成为消费信仰。

■ 人不是赢在起跑线，而是赢在转折点。

同样是一天 24 个小时，有的人可以将嘈杂的柴米油盐，过得犹如世外桃源般宁静致远；而有的人，即使是风花雪月般的浪漫，也可以糊弄得寅吃卯粮，星落云散。我们应该在无聊的泥泞中开出最有质感的花，用诗意的心去代替聒噪和嘈杂。即使日子不总是我们喜欢的日子，但一定要选择随时做一个自己喜欢的人。一个心态好的人，日子一定不会过得太差。

品牌美学

　　企业产品品牌，已从追求"消费功能"到追求"消费感受"的走向。

　　探索美学经济的品牌力量。很多奢华品牌能够如此受到消费者的青睐，这是否代表其在品牌、设计的水准、美学风格的突破，乃至勾起人心激情与渴望的策略手法上，确实在消费者心中创造了新的标准。

　　品牌需要透过空间的设计、规划与展现，传达品牌精神，使品牌具有宗教性、美术馆性及表演性的内涵。这一切的作为，无非是再次加强品牌空间塑造所提供的美学体验及要传达的意象与讯息。

品牌故事

品牌故事的诉求往往会给产品本身带去更多更具有特殊韵味的特质，当下营销的关键，是要会讲打动人心的好故事。

所有的知名品牌都有它们起家的故事，品牌故事赋予了品牌生机，增加了品牌人性化的感觉，也把品牌融入了顾客的生活。

品牌故事实际上是将品牌植入故事中，这是品牌高效表达和传播的一种方式，绝对不要低估一个好故事的能量。

做品牌，首先要有故事，而这个故事不是编出来的，而是我们去做出来的。品牌推广要遵循"先做产品，再塑形象"这个路径。必须先去做，围绕我们的品牌、我们的特色去做事，去设计各式各样的活动。所有的事情，包括媒体的宣传，都必须围绕着品牌进行。只有先有事情，才有抓手，才有故事，才可能做好宣传推广。

品牌故事的有三个层次：钱、脑、心。

第一种品牌故事关注"钱"，这种品牌故事突出利益，强调帮助顾客省钱或赚到好处。第二种品牌故事关注"脑"，这种品牌故事更加精细化和量化，它试图用清晰的方式向客户说明各种商品性价比的优势，这种品牌故事的最终目的是要告诉目标市场：你买我的东西那就对了。第三种品牌故事关注"心"，这钟品牌故事进入新的层面，更加关注消费者的情感需求，并且负责向客户提供不同层面的情感体验。

故事式营销有四个关键：告诉消费者"你是谁"；帮助消费者找出"他们是谁"；说故事时，别忘了让场景更具"真实感"；让消费者参与故事发展。

■ 有时候简单比复杂更难。很多人都善于把事情做得复杂，而只有少数成功者才能把事情做得简单。简单就是抓住重点，抓住根本和关键，提纲挈领，以简驭繁。正如《中庸》里说的，致广大而尽精微，极高明而道中庸。任你如何广大，高明，最终还是要回到中庸的境界，这就是平常的境界，简单的境界。

品牌形象

物品必须成为符号，才能成为被消费的对象。好的品牌形象，让人过目不忘。

品牌的标识应该设计得符合眼睛的视觉感受，人们费尽心思为品牌设计复杂的符号，结果往往使消费者更加迷惑。品牌标识就是品牌的视觉符号（商标）和用特殊字体设置的品牌名的组合。

标识图形可以设计成各种外形：圆的，方的，椭圆的，水平的，垂直的，等等。但所有的外形在顾客的眼中并不会产生同样的视觉效果。

字体可以有成千上万种，形态及大小等顾客对这些差异并不太敏感。另一方面，如果设计的字体是不易阅读的，那么标识图形在顾客的心智中就几乎没有意义。

标识图形的其他要素：商标，或者说视觉符号，也受到过高的估值。意义在于字母或词组，而不是在视觉符号中。只有少数的几个简单符号可以做成有效的商标。

品牌应该使用一种与它的主要竞争品牌相反的颜色。把品牌区别开的另一种方法就是运用颜色，保持颜色的一致性有助于一个品牌在人们的心智中留下深刻的印象。要创造一个独一无二的名字，可以有成千上万个词可以选择，但可以选择的颜色仅有少数几种。基本颜色有五种（红、橙、黄、绿、蓝），加上中性色三种（黑、白、灰），最好是使用五种基本颜色中的一种，而不是一种介于两者中间的或是混合的颜色。

■ 多数事情，不是你想明白后才觉得无所谓，而是你无所谓之后才突然想明白。

品牌和文化

■ 是非天天有，不看不听自然无。无念并非心中没有念头，而是有念头而不住。心中无事，并非否定外在的事物，而是我们心中不存事。眼不留色，自然没有色扰；耳不留声，自然不会被声音干扰；心不留事，自然不会被事情干扰。外面的声色事物仍然存在，但如非你想关注，关你什么事！它动它的，你的心不与它对接就行了。

文化是品牌的灵魂。中华优秀传统文化蕴涵着优秀品牌的价值追求，要不断从优秀传统文化中汲取营养，厚植品牌文化基因。

品牌要有文化。好的品牌要有好的文化。有文化没品牌，难以突破；有品牌没文化，难以长久。因为没文化的品牌缺乏一种文化架构，做假、搀假、弄虚作假。你没有自己的文化不行。

我们传统文化当中重视的是仁义礼智信，其中的信是诚信，诚信是企业的金字招牌，是经营者的良心。都说诚信赢天下，一个诚字道尽了企业发展的内涵，说明了品牌和文化的关键。诚就得真心，不欺骗，不隐瞒。我们有了品牌，如果没有文化，如果没有诚信，是不可能长久的。

农业品牌要"四有"——有态度、有温度、有情怀、有故事。互联网时代，常常是人与人不见面，货品质量、品牌好坏要看查看之前的购买人气和评价。与传统营销环境相比，生冷许多，怎么办？在互联网环境下，需要做有态度、有温度、有情怀、有故事的品牌，让品牌有人气，有生气，有活力，要真实可感！

■ 陶醉于自己的能力或微不足道的成功，骄傲自满。就得不到周围人的帮助，并且妨碍自己的成长。为了形成团队合力，在和谐的气氛中有效地开展工作，必须意识到"有了大家才会有自己"，始终保持谦虚的态度，这是非常重要的。——稻盛和夫

农业品牌要有直击人性的价值观，抓住顾客的"三点"——痛点、痒点、兴奋点，进行转化。痛点就是客户存在什么问题、苦恼，这些痛就是客户急需要解决的问题；痒点，就是工作上有些别扭因素，有种乏力感，需要有人帮助挠痒痒；兴奋点就是给客户带来兴奋效应的刺激，立即产生快感。

品牌价值源于客户价值，痛点、痒点和兴奋点就是人性，农业营销要紧紧抓住人性进行突破，顺势传播自己的价值观。

如何寻找客户痛点、痒点和兴奋点？从根本上来说，要将普世的价值主张与消费利益相结合。一要知己，对自己的产品和服务有非常详细的熟知，要真正懂得产品的每一个细节特点；二要知彼，对竞争对手的产品或服务有充分的了解，优势和劣势看你怎么利用，都可能成为解决客户痛点的途径；三是第三方立场，要充分了解消费者对所处行业的看法或认可度，这是营销的舆论环境和行业基础；四是对消费者选择过程、购买心理有透彻的洞察，这是找到客户痛点的最关键步骤。营销者必须反复体验消费购买过程：快递＋物流＋包装＋拆封体验＋产品包装＋产品完整性等，要把自己当作消费者，切身体会，找出问题。

强势品牌

强势品牌，独享市场哪些利益呢？

（1）长期且持久的高市场占有率，因为全球或当地知名品牌的优良形象已经塑造而成，拥有固定一批忠实的顾客群。

（2）享有较高价位或极高价位，绝对不会在同类商品中有低价位或促销的状况出现。

（3）品牌能够不断延伸产品线。

（4）较易永续经营，能够延伸到新的客户市场。

（5）能够拓展新的全球地区。

为什么要不断提升品牌的附加价值？

（1）消费者观点：人的欲望及需求，不断地被提升，消费者的价值观以及生活形态也随着时代改变，因而企业也要不断提升品牌的附加值。

（2）竞争者观点：竞争品牌对手不断推陈出新，不断改善改变与进步，必须保持竞争意识，不进则退。

好业绩的逻辑观念

要先有高品牌知名度、好的品牌形象与口碑、高的品牌喜爱度、高的品牌忠诚度，才会有好业绩，好获利，所以要做好经营工作。

■ 福不可受尽，势不可使尽，好语不可说尽，规矩不可行尽。《法演四戒》的"不可四尽"告诉我们一定要学会适度。看开，想开，烦恼走开。

消费者心目中的理想品牌五力

从消费者心目中的理想品牌五力显示出，品牌忠诚度越高，销售力愈高。

（1）品牌知名度。品牌知名度是一个最基本的要件。

（2）品牌销售力。品牌的第一关考验，就是销售力。任何品牌必须通过第一关，因为消费者必须产生第一次的购买行为，才有可能形成后面的重复购买，所以第一关的考验是销售力，过这一关，以后才有戏可唱。也唯有销售成功，才有获利可言。

（3）品牌忠诚度。品牌的忠诚度是要长期经营的，因为它关系品牌的成效。如果一个品牌有销售力，却没有忠诚度的话，那么他的行销成本会非常高，因为消费者只有一次购买，那么企业所付出的成本就会比较大。因为通常低频率的顾客，其获利来源贡献度是很低的。

（4）广告有效度。广告有效度应用在拓展新客户上，仍是一项非常有效的指标。无论是新产品推出或想要拓展新市场，广告就是一个爆炸点，可以在短时间内引爆新客户，然后再去用销售力（短期），或忠诚度（长期）支撑这个品牌。

（5）品牌推荐力。这是一个新的品牌指标，有推荐力表示顾客不但对自己品牌忠诚，还会推荐给他的人脉圈。这是一个品牌的后续考验力，是比品牌忠诚度还更高层次的指标。这就是所谓的口碑行销，也是行销手法中常用的"会员介绍会员"。

■ 世间所有的事都可分为三种：自己的事，别人的事，上天的事。做事之前想一想"关你什么事""关我什么事""关他什么事"，以阳光的世界观、松柏的价值观、春天的人生观过好自己的生活，以三观过三关。

品牌管理制度

好的品牌建设要有好的品牌管理制度，因为制度是固化品牌规划成果的根本。具体内容至少包括以下内容。

（1）品牌管理部门架构。

（2）品牌管理内容确定，涉及品牌战略、架构、资产、传播、预算和风险管理六个方面。

（3）品牌管理流程描述。如明确品牌定位和价值，计划和执行品牌营销活动，评估和诠释品牌业绩，提升和保持品牌资产。

（4）品牌管理绩效考核。

（5）品牌资产评估。有客户认知评估法、产品市场评估法、财务数据评估法等。

（6）品牌风险防控机制规划，包括品牌危机预警系统，品牌危机处理流程，后品牌危机管理等。

■ 你所看到的，可能只是你想看到的。管理学家彼得·圣吉说：我们每个人都逃脱不了心智模式的控制，我们都是经过自己的方式、主观的方式来观察这个世界，所以说这可能是一个虚拟的世界。因此，我们要时刻记得开阔自己的视野、审视自己的内心。通过自省，改善自己的心智模式，使之更能"为我所用"。

服务业行销制胜 10 大密码

1. 产品力

2. 广告与促销力

3. 通路力

4. 价格力

5. 现场实体环境力

6. 公关力

7. 人员销售力

8. 流程作业力

9. 总体服务力

10. 顾客关系管理咨询力

比竞争对手——

服务速度快、服务品质好、服务便利性高、服务价值感大，服务价格合宜、服务不断推陈出新。

做品牌不同于卖产品

品牌和产品存在本质的差别。产品是具体的，可以触摸、感觉、看见，它是基于物理属性的（如款式、特性、价格等），借物理属性满足消费者对其功能与价值的期望。而品牌是消费者对产品感受的总和，如个性、信任、可靠、信心、地位等在顾客心中留有的印象。

被看到和被拿到的都是产品，会想到的才是品牌，产品是工厂生产出来的，品牌是消费者购买的，这是一个基本的区别。

品牌运作，有两点很关键：首先要树立品牌的观念；然后，真正搞清楚品牌化运作是什么。

卖产品跟做品牌有什么区别？销售产品和塑造品牌是高度关

联的，但两者的差异也非常明显，不能混为一谈。作为销售产品，一般好产品加好服务就是卖产品了。先要有好的产品，至少达到标准。为了让消费者方便地获得产品，需要建设渠道网点，这就是服务的重要方面。做品牌就不同，首先需要给予品牌丰富的内涵，也就是讲品牌的故事，历史的、传承的、御用的、天然的、文化的，等等。这是一个方面，但还不够。做品牌另一个很重要的方面，是去塑造品牌的象征性意义。这是品牌形成附加值的重要来源，是品牌溢价的重要依据。产品是什么和产品意味着什么，两者有着深刻区别。你购买产品不仅仅是为了产品能够做什么，而且还为了产品代表了什么。

事实上，产品是什么并不重要，重要的是人们认为它是什么。

■ 如果你是对的，你没必要发脾气；如果你是错的，你没资格去发脾气。上等人有能力没脾气，中等人有能力有脾气，下等人没能力有脾气。

■ 爱情可分为宽广的爱和狭窄的爱两种。这就
像夫妻两人去旅游登山，到了半山腰，其中
有一人走不动了，宽广的爱就会劝另一人继
续攀登，去领略顶峰的无限风光，自己就在
原地等他归来。而狭窄的爱就不允许另一人
走开，我走不动了你也得坐着陪我。

商业专栏作家科尔·谢弗（Cole Schafer）认为，从人类行为中找到一些共通之处，能帮我们更好地理解为什么人们会购买某些产品，这样也有助于营销人员制定出更高效的营销活动。

第一，当人们心情不好或是想要变得快乐时，就会购物。大多数人购买产品无外乎两个原因：为了更接近快乐或是远离痛苦。比如，高兴时人们会买酒庆祝，不小心喝醉了需要买醒酒药远离痛苦。当你在推销自己的产品或服务时，一定要注意客户购买产品是出于哪种原因。

第二，人们会基于自己的情绪做出购买决定。当人们购买产品或服务属于"为了更接近快乐"这个原因时，他们的购买决定会受到情感和情绪的支配。因此，当商家要出售一件能让客户感到快乐的产品时，就要考虑如何诱导他们的情绪，让他们感受到快乐。

第三，人们会用逻辑证明自己的购买行为是有道理的。对于自己因为情感驱动而做出的购买决策，人们常常会试图用逻辑来找理由。这对营销人员来说，就意味着，如果你想通过触发情感推销产品，同时也要提供可靠的事实依据和研究。

第四，人们会因为别人买了，自己也跟着买。根据"从众心理"，人们会受到外界人群行为的影响，做出一些由情感驱动的行为。为什么消费者会跟着购买别人也在使用的产品呢？这是出于信任。有84%的在线购物者，他们对网上产品评价的信任程度，等同于他们从朋友那里得到的建议。营销人员需要注意客户在现实世界以及网上对产品或服务作出的评价。当然，你开发的产品或提供的服务也需要能"容易让客户分享"，增加产品流行的概率。

产品销售心理学

看清服务的本质

■ 每个人生命过往中，总会有那么几个人，师长也好，朋友也好，知己也好，可能相距遥远，可能许久不见，却始终留着烙印般的位置，因为他们都曾打动过你的内心深处。

中国企业这么多年的发展过程中比较倾向于做产品、渠道和销售，不是特别擅长做服务和品牌。但是当我们走到今天遇到两个市场最大的变化：

（1）消费者改变，消费者从购买行为到生活方式都变了。

（2）顾客不足，顾客是不够的，任何行业的产品都供大于求。

这两个特征决定了企业在经营中一定要懂，现在最重要的两个部分，一个是服务，一个是品牌。

服务是一种特殊的无形活动，是一个独立创造价值的部分，而且服务所能提供创造的价值是非常奇特的，因为服务可以提供一种满足感。又因为它能提供独特的价值和满足感，它其实和产品销售没有直接关联。服务和产品是两条并行的线，都是我们与顾客交换价值中非常重要的东西。做服务时一定要考虑一件事，服务不是对产品做互补，而是创造一个多的价值给顾客。

服务和产品一定要平行，因为产品只解决功能性问题，产品一定要简洁，只有简洁功能才清晰。但任何一个顾客需求的满足都有情感部分，这是人性，情感的部分要用服务给到顾客。一定是非常平行的，服务做服务的，产品做产品的。

产品的价值须由产品自己来解决，服务的价值须由服务自己来解决，它们各自解决各自的价值。很多人做服务行业，也要把产品做好。只不过服务行业的主要价值来自服务，做产品公司的主要价值来自产品。服务行业的满意度来自服务，但如果把产品做好，就增加了一个附加值叫情感。

反过来如果是产品公司，把产品做好了满意度主要来源于产品，但增加附加价值来自服务，所以我们在和顾客沟通时一直在做价值交换。任何一个顾客的价值交换中都有两个内容，一个是主观的，一个是客观的；一个是功能性的，一个是情感性的。永远都有两个东西，只满足单方都不可能获得顾客价值的认同。

今天以体验经济为主的环境下，不管做什么行业，服务永远是必须做的事。在讨论服务时，服务与顾客价值之间的关联就是提供完整的解决方案。如果只有产品，一定要放上服务才可以说提供了一个完整的解决方案。

服务的真谛：员工给顾客创造意外惊喜。

■ 只要有一件无关重要的小事，能让你不顾功利地沉迷进去，才有可能成为有趣的、诗意的人。可以去拍昆虫，为了等一只蝉蜕壳在森林里蹲上三天；可以为了喝到一杯好茶，把整条茶马古道徒步走上一遍。不需要刷存在感，不需要呼朋唤友，纵横于酒池肉林。只需要用很多的耐心和微笑，去等一朵花开放，打开了另一个世界的入口。

质量强国　品牌立国

　　高质量的产品和服务供给是经济发展振兴的基础，应坚持以质量第一为价值导向，牢固树立质量第一的强烈意识，坚持优质发展、以质取胜。推进供给侧结构性改革是主线，提高发展质量和效益是中心。提升我国的综合实力与核心竞争力，打造中国经济升级版，首要的是质量品牌建设。品牌建设也是现代国际市场竞争的重要手段。

　　如何加强品牌建设，推动产业结构迈向中高端乃至最高端，实现质量强国品牌立国？

　　一要强化品牌意识，牢固树立质量第一、品牌至上的理念。要形成精心打造知名品牌、弘扬品牌文化的共识，将其渗透到产品和服务加工制造、市场营销等各个环节。同时，要形成所有相关者共同参与、共担责任、共享成果的良好社会氛围，人人精心呵护品牌。

　　二要加强品牌体系建设。一方面要建立产品和服务全过程全产业链全价值链的管理体系，严格质量管理，把好每个环节每

■ [不敌哲学] 在工作上，能力不敌态度；在成功上，才华不敌韧度；在知识上，广博不敌深度；在思想上，锐度不敌高度；在做人上，精明不敌气度；在做事上，速度不敌精度；在看人上，外貌不敌风度；在写作上，文采不敌角度；在方法上，创意不敌适度。

道关口，并加强品牌设计，选择品牌定位，制定品牌规划，树立品牌形象。另一方面要大力弘扬"工匠精神"，精益求精做好每一件产品。

三要建立公正客观的品牌评价体系，搞好品牌传播推介。具体来说，要制定科学的评价方法和评价标准，公正、客观地进行品牌评价；要积极开展品牌管理咨询服务，有针对性地提出改进品牌管理、提升品牌价值的解决方案；要结合"中国品牌日"等活动，加强品牌推介传播工作，提高品牌知名度；要加快中国品牌的国际化进程，讲好中国品牌的故事，把更多优秀的中国品牌推向国际市场。

四要建立品牌监管和惩戒体系，防止"劣币驱逐良币"。综合运用行政、经济、法律等手段，保护产品的合法权益不受侵犯，严厉打击仿冒侵权行为。净化市场环境，保护正当竞争，规范市场秩序，为更多品牌脱颖而出创造良好条件。

五要创建品牌共建共享的社会氛围，人人关心、支持、呵护品牌。要建立包括用户、渠道、合作伙伴、媒体等所有相关方在内的共建共享的品牌建设共同体，提高全社会的参与度。

以工匠精神构筑质量文化

　　作为品牌建设的基础与核心，中国产品质量仍然存在隐忧。质量是企业的生命，品牌是企业的灵魂。以质量提升推动品牌建设，亟需提级质量文化、提升质量供给、提高质量收益。

　　首先，厚植企业家精神和工匠精神，提升质量文化。中国的制造业从低附加值的加工制造向更注重高技术、高质量、高品质的"中国创造"转变依赖于质量文化的提级。质量理念、质量价值观、质量道德观、质量行为准则

的全面升级不仅反映了经营策略，更是展现了企业的价值系统、哲学理念和变成企业基因的文化，即"企业家精神＋工匠精神"的产品符号。发挥企业家精神和工匠精神的引领作用，推动质量文化的精神、行为、制度和物质四个方面的积极演变，促进"中国制造"完成"品质革命"。

其次，提倡质量创新和标准创造，提升质量供给。质量创新是质量强国的根本动力。特别是要倡导产品生态设计，引领企业走绿色低碳循环发展之路，提升创新开发能力和管理水平，培育产品和品牌影响力，促进工业文明与生态文明协调发展。

最后，加强质量监管和品牌保护，提高质量收益。一方面要严格企业质量主体责任，建立企业产品和服务标准自我声明公开和监督制度，加强质量安全风险研判和防范，建立产品伤害监测体系，使质优价高成为市场竞争常态，形成质量品牌优胜劣汰效应。另一方面，加强知识产权运用和保护，完善品牌保护的法律法规，强化品牌维权机制，健全品牌创新的激励机制。

人生三大遗憾：不会选择，不坚持选择，不断地选择。

高质量发展
『三好』农业

高质量发展，既是农业品牌建设的基础，也为农业品牌建设提出了要求。

高质量的发展含义内涵是很丰富的，可以概括为三个方面：产品质量、生态质量、结构质量。农业高质量发展的目标，就是要实现产品好、生态好、结构好。

（1）产品好。这是最直接的、最主要的目标。产品好也包括很多方面，其实最主要、最核心的也是两个方面。一是产品本身色香味口感等方面的品质好，主要是由消费者感官感觉所决定的。因为食品是我们消费的，所以老百姓在吃得好了之后，关键是感觉怎么样，质量好不好，首先看感觉、视觉、味觉等。第二个方面是产品的安全性。光感觉是感受不到的，品尝也品尝不出来，看也看不

出来，是否包含有害的成分，尤其是外源性成分，主要是动植物病害，农药兽药残留，生产和加工过程中的非法添加成分等。吃得更好，吃得更安全，属于"人民日益增长的美好生活需要"中的一个非常重要的组成部分。吃得饱、吃得好、吃得安全、吃得营养，还有吃得愉悦。这是我们品牌创建的一个最关键的背景。

（2）生态好。这是农业本身可持续发展的需要，是城乡居民美好生活的需要，更是美丽中国建设的需要。生态好，就是在发展农业生产的同时，要保护好生态环境；不能以牺牲生态环境为代价，来取得眼下的农业生产目标。其中最突出的任务有三：一是解决过度垦殖问题。即过度开垦、过度放牧、过度养殖所引起的各种问题，包括水土流失，湿地破坏，沙尘暴和荒漠化，土壤和水体污染问题等。二是解决过度投入问题。主要是化肥和农药投入。尽管我们已经提前实现了化肥农药投入总量零增长的目标，十分可喜，但是，目前的利用效率仍然较低，不到40%，远远低于发达国家的水平；而投入强度则仍然较高，远高于发达国家的水平。三是解决农业废弃物处理。包括作物秸秆焚烧问题、畜禽粪便处理等。

（3）结构好。结构质量，反映的是农业的整体效益问题。结构好，就是在既定的资源条件下，取得最佳的生产效果和效益。主要包括：一是产品结构好。二是区域结构好。就是区域比较优势能够得到最佳发挥。三是要素结构好。要素结构，代表着农业的发达程度。我国在科技进步贡献率、农业机械化率等方面的差距，反映出在现代农业投入要素上的差距。四是组织结构好。我国千家万户的小农生产组织方式，不能满足大市场需求，尤其是在产品规格、质量、安全方面的要求，迫切需要通过各种组织方式，扩大经营规模。五是贸易结构好。

品牌强农
品牌兴农

农业强不强，关键看品牌。市场经济条件下，品牌就是信誉、就是信用、就是市场号召力。品牌为纲，纲举目张。如果说中国农业是一项杂糅多条产业链、多种要素耦合的系统工程，那么品牌则是贯穿始终、从消费端倒逼生产端的一条主线，引领着现代农业农村的转型升级。当前，我国农业农村正处在供给侧结构性改革的

进程之中，面对消费结构不断升级、现代农业亟须提质增效的局面，大力推进品牌强农不仅是时代的选择，更是人民的期盼。

推进品牌强农，要加强顶层设计和系统谋划，充分挖掘和转化优质特色农业资源，将它的资源优势转化为市场优势。如何挖掘和转化？首先，要立足资源特色。深刻把握优质特色农业资源的产地环境、历史文化、资源禀赋，突出品牌建设的深厚内涵。其次，要学会倚"特"而立，注重挖掘优质特色农业资源的特质、特点，突出差异性，走"人无我有"的品牌发展之路。最后，要做到向"高"而行，追求高品质、进军高端市场、实现高效益，突出优质性，走"人有我优"的品牌崛起之路。

推进品牌强农，要提高品牌农业的产业化水平，创新品牌培育和发展模式，推动形成区域公用品牌、企业品牌、产品品牌和农户品牌联动发展的金字塔格局。

随着社会主要矛盾的转换，人们消费需求已经从满足温饱向追求品质转变。品牌农产品是推动农业转型升级的必然选择，以大型农业、龙头企业、笼统企业为依托，深度整合生产流通资源，促进品牌农产品产销对接常态化、市场化、专业化，从而全面带动农业产业化、品牌化、标准化发展。

■ 人生最大的失败就是，遇好友而不交，遇贵人而不往，遇良师不拜，遇商机而不入。这个时代想赚钱，不再是靠体力，更不是靠一天熬十二个小时加班，而是靠你思维方式的改变！观念一改变，出路一大片！

农产品品牌

所谓农产品品牌，就是指用于区别不同农产品的商标等要素的组合，如"伊利""蒙牛"等。相对于工业产品而言，农产品生产受自然环境因素的影响较大，具有季节性、地域性、周期性、质量不稳定等特征，因此给农产品品牌建设带来一定的因难。

品牌是一个集合概念，一般包含品牌名称、品牌标志和商标等。

（1）品牌名称，指品牌中可用语言表达，可以读出声的部分，也称"品名"。如金龙鱼、完达山、铁观音等。

（2）品牌标志，也称"品标"，是指品牌中可以被识别、易于记忆，但却不能用语言表达的特定的视觉标志，包括专门设计的符号、图案、色彩等。

（3）商标，是一个专门的法律术语，品牌或品牌的一部分在政府有关部门依法注册后，称为商标。国际上对商标权的认定，有两个并行的原则，即"注册在先"和"使用在先"。注册在先是指品牌或商标的专用权归属于依法首先申请注册并获准的企业。在这种商标权认定原则下，某一品牌不管谁先使用，法律只保护依法首先申请注册该品牌的企业。凡不拥有商标使用权，而是假冒、仿冒或者恶意抢注他人商标等行为，均构成侵权。

农产品品牌，指由农民（包括新农人）等农业生产经营者，通过栽培农作物、饲养生畜、形成观光农业、创意农业等生产经营活动而获得的特定的产品（服务）品牌。该品牌是以农产品及其初级加工产品、农业生产、农产品消费过程产生的物质成果、体验性服务为基础，经由一系列相关符号体系的设计和传播，形成特定的消费者群、消费联想、消费意义、品牌个性、通路特征、价格体系、传播体系等因素综合而成的有机整合体。农产品品牌起源于农产品的独特识别与差异化，并经由各相关利益者认知、认同甚至忠诚、信仰，并包括独特的消费者生活世界在内。

■ 学问是一张网，必须一个一个地连起来，不要有太大的破洞才能网到大鱼。

农业品牌

当前，农业品牌化中呼声最高、必要性最强的，是农产品品牌建设。这是因为，我国的农产品市场，已经出现了低端产品供过于求，消费者需求的品质产品缺乏、农产品溢价程度低等供给侧问题。然而，农业品牌，是以农业生产、经营过程及其成果为基础的品牌类型。它与农业的产业特征、产品特征、农业生产过程及其成果特征、农业产业链要素构成、与其他产业的相关关系特征等均具有密切的关系。

除了农产品品牌，农业品牌的范畴与类型还有许多，各种不同生产与经营内容、消费趋向、形态、性质、地缘属性的农业品牌，在以农产品为原点，延伸至二、三产业的跨界产业链中，呈现丰富的互动关系。

通过品牌化，立足消费者需求，重新审视我国的农产品市场供应情况，增加农耕文脉基础上的现代元素、现代意义、现代价值，实现农产品的低成本、高溢价，成为中

国农业现代化的重中之重。

同时，我们必须看到，中国农业，应当快步进入全产业链、全方位的品牌化时代。市场已经显示：假农资伤农、假农药害农、低层次服务欺农等乱象频现。这说明，除农产品以外的其他涉农产业，如农资（种子、化肥、农药）、涉农服务、农业综合产业等的品牌化，也已迫在眉睫。

农产品品牌属于农业品牌范畴，但农业品牌比农产品品牌的范畴要大得多。农业品牌不仅包括农产品产品品牌，也包括农业生产经营全产业链过程中出现的系列不同类型的品牌，如农业服务品牌、农业产业品牌、农业企业品牌、农业商业（流通）品牌、农业综合品牌等。基此，农业品牌是基于农业生产过程所产生的农业生产资料、农业生产物质产品与服务体系、不同类别消费者对农业生产资料、农业生产物资产品与服务的体验感知、品牌符号体系与意义生产等要素的系统生产、互动沟通、利益消费而形成的，独特的利益载体、价值系统与信用体系。就农业品牌形态而言，农业品牌一般可包括农业产品品牌、农业企业品牌、农业服务（包括农业旅游）品牌及其产业化背景下的农业综合品牌。

■ 你不能决定太阳几点升起，但可以决定自己几点起床。

如今，与农民的退出相反，城里的一个又一个土豪却租地当起了农民。没有多少人是为了赚钱，也没有多少人是因为喜爱，更没有多少人觉得当农民是高大上，只因为自己想吃到安全食品。当一个社会的食品到了不是自己种的就不敢吃的程度，是不是真的到了该深刻反省的时候。当人人都站在利己者的立场上打着"本来"的盘算时，你会发现所有人都是受害者，没有人是真正的赢家。而且受害者远不止人。由于人对食物、人对人的极端不信任，结果猪躺枪了，被装上了监控，强迫它只吃不动；羊躺枪了，被打上了耳钉；鸡也躺枪了，被囚禁在笼子里；白菜萝卜也只有在消费者的眼皮底下成长，才会敢吃……据说这叫物联网，二十四小时监控，连老母猪发情也不放过，这让猪情何以堪！

农产品无公害化生产是农业农村现代化的重要标志之一。无公害农业以生产无污染的安全、优质、营养农产品和保持生态环境良性循环与农业可持续发展为目标，是由产前的环保安全型生产资料、产中的无害化生产过程控制技术、产后的产品质量标准体系和检测技术等综合集约集成的全程质量控制的新型现代农业体系，是一个国家农业农村现代化的重要标志之一。农产品生产由普通产品发展到无公害产品，已成为现代化农业发展的必然趋势。

发展无公害农业是保护与改善农业生态环境，实现可持续发展的需要。在农业环境污染中，自身污染占到总量的 50%。无公害农产品安全生产，首先是产地环境必须

■ 淡字，一半是水，一半是火；水火本不相融，造字者巧妙地将二者融会贯通在一起，揭示了"淡"的真味：刚柔相济。人生的至境，水火调和，方可看淡。

符合"无公害"质量要求。加快高标准农田建设，加大耕地质量保护和土壤修复力度。推行种养殖清洁生产，强化农业投入品监管，严格规范农药、抗生素、激素类药物和化肥使用。

发挥资源和劳动力的比较优势，大力发展无公害、低成本、优质、高档、高效、安全的农产品生产，是大幅度提高农业产业的整体经济效益、有效增加农民收入、实现农民生活现代化的重要途径。

高端化——对农产品的特殊要求

　　新旧动能转换的核心是发展新技术、新产业、新业态、新模式等"四新"经济，主要目标是实现产业智慧化、智慧产业化、跨界融合化、品牌高端化等"四化"。通过"四新"实现"四化"是高质量发展的根本途径。其中，推进质量发展和品牌建设，实现品牌高端化，是实现新旧动能转换的有效途径。推动品牌高端化，要构造特色鲜明的产品品牌、企业品牌、区域品牌、地理标志品牌体系，提升品牌生态竞争力。

"民以食为天"，随着人们收入水平的不断提高和饮食习惯的改变，绿色健康饮食观念已经深入人心。

➤ 纯绿色高端农副产品是具有广阔的市场空间的

（1）"三品一标"将成为农产品生产消费的主导产品。无公害农产品、绿色食品、有机农产品和农产品地理标志（以下简称"三品一标"）作为各级政府主导的安全优质农产品公共品牌，已经成为当前和今后一个时期农产品生产消费的主导产品。

（2）礼品经济渐成都市消费习惯。据预测，我国礼品市场有超过600亿元的市场空间，并且正以每年20%的速度保持增长。农产品作为礼品市场的新宠，正在悄悄地扩大着市场份额，分享着礼品市场的这块大蛋糕。

➤ 农产品作为礼品的主要途径

（1）农产品作为礼品，必须要有品牌，至少是区域名牌。

（2）包装是农产品成为礼品极其重要的环节。

（3）地区特色和文化内涵是农产品成为礼品的必要条件。

（4）创新经营是农产品站稳礼品市场的充分条件。

（5）加强国际间的交流合作，引进并研发新品种，增加农产品的新颖性、独特性和稀缺性是农产品成为礼品的有利条件。

（6）针对不同的人群制定销售策略是农产品成为礼品的重要保证。

■ 能力决定一个人的上限，素质决定一个人的下限。一个人真正的水准要看短板有多短。说到底，你不仅要证明自己的能力，更要展现自己的素质，因为一个人能力再强也无法弥补素质缺失的短板。

■ 人生成功的三把钥匙——第一把钥匙：你的责任就是你的方向，你的经历就是你的资本，你的性格就是你的命运。第二把钥匙：复杂的事情简单做，你就是行家；简单的事情重复做，你就是专家；重复的事情用心做，你就是赢家。第三把钥匙：美好是属于自信者的，机会是属于开拓者的，奇迹是属于坚定信念者的！你若不想做，总会找到借口，你若想做好，总会找到方法！

> 品种：基因、特色、乡土
> 品质：营养价值、特殊含量、无污染
> 品位：内涵、文化、档次
> 品牌：商业品牌、商标、口号

选择了优良的品种、保证了优秀的品质、铸就了优异的品牌。品种助农，品质兴农，品位润农，品牌强农。

质是基础，和名称相融合并被大众接受和认可，叫做品牌。

"十年树企业，百年树品牌"。品牌为纲，纲举目张。要增品种，提品质，创品牌。

农业品牌与美好乡村建设

农业品牌建设既是建设美丽乡村的重要路径，也受益于美丽乡村建设。我们既要创造更多物质财富和精神财富以满足人民日益增长的美好生活需要，也要提供更多优质生态产品以满足人民日益增长的优美生态环境需要。大家都知道，农村环境的污染，有一部分来自农药、化肥的不科学施用。随着人们生活水平的不断提高、消费者生活方式的持续演进，"吃得好"不再意味着大鱼大肉，而是健康和科学的饮食。健康环保的食品日益

■ 有人说："越优秀的人，越懂得舒服地待人。"确实，无论遇到多大的问题，优秀的人都有将问题化解于无形的能力，而且姿势永远那么好看，就像他们生来就如此一样。让人舒服，是最顶级的人格魅力。让人舒服的人一定是细心体谅他人，极具同理心的人。他们的魅力来自丰富、内敛、温情、善良，由内而外的散发出一种高贵。

受到追捧。健康和环保成为农业品牌必不可少的内涵。因此，树立农业品牌，必然离不开对农村生产环境的保护。建设农业品牌，也必须把"绿色出品牌"的理念贯穿农业生产全过程，大力推广生态种养、环境修复、化肥减施、生物防控、节水灌溉、废弃物无害化处理和综合利用等绿色生产技术，推动建立绿色生产体系。农业品牌建设，会让乡村越来越美，同时，美丽的乡村也会赋予农业品牌更多的内涵与溢价。农业品牌建设已经成为实现"绿水青山就是金山银山"的重要路径。

从农产品品牌拓展到乡村品牌，从产业品牌到乡村品牌，要打造这三大品牌，要产业兴旺：特色乡村、品牌乡村，这个乡村必须要有比较优秀的主导产业，具有优势的产品和品牌战略；生态宜居体现在生态环境，新农村建设美不难，但是这些漂亮如何持久，在一些地方，竟然看到了四代的垃圾箱，但是路上还是脏兮兮，为什么？这是老百姓的问题，没有把美丽变成生产力，建设美丽乡村要转到经营美丽乡村，到共享美丽乡村，经营乡村的理念需要品牌引领，城市做的是土地文章，乡村做的是生态文明。

现在的乡村不仅仅需要美丽建设，美丽仅是外在的，可看得见的东西，而美好不仅是外在的东西，还有精神的美好、生活的美好等各种各样的美好，所以我国美丽乡村建设下一轮的发展方向应该是美好乡村。

文化新动能 农业品牌与美好

过去说"让部分人先富起来"，今天我们要做的一件事情是"让部分人先美好起来"，咱们的乡村的部分人要先美好起来。

助力乡村振兴，文化新动能要做好三件事情：

➢ 打造旅游文化新动能，让好看的乡村能赚钱

目前中国的旅游发展已经经历了四个阶段：第一阶段，观光旅游，来一次就够了；第二阶段，度假旅游，他会来多次；第三是休闲旅游，他会经常来，休闲与旅游不

一样，旅游是自己走来走去，休闲是你坐在那里看着别人走来走去，这就是差别。第四个阶段已经到了养老养生，这绝对是一个大产业。

➤ 打造美食文化新动能，让好吃的乡村更诱人。乡村振兴首选的产业是旅游，旅游当中首选的产业是美食

➤ 打造创意农业，让农产品更值钱

中国农业已经实现了工厂化，设施农业、滴灌技术、大棚温室等，下一轮重点是农业的三产化，以服务业思维做农业，发展休闲农业、观光农业，推进一二三产融合。

■ 中庸之道是人生的大道。《尚书》说的人心惟危，道心惟微；惟精惟一，允执厥中"这十六个字，乃是儒家的核心心法。老子说的是守中，孔子说的是中庸"；荀子说的是中正"，韩非子说的是直或公正"，屈原说的是节中，佛家说的是"中道。公正（公平正义）就是中庸之道的核心。

农业只属于有情怀的人

大凡一个产业，总有一个进入的最佳时间，比如汽车制造业、IT业、文化产业等。奇怪的是，对农业而言，"机会来了"的口号居然吆喝了十多年。按常理，不同行业背景的人，看待问题的眼光和角度不同，得出的结论也应该不同，这才正常。像"农业的机会来了"这样的文章，基本上都是农业圈子外的人写的。因为对于农业圈内的人来说，不存在讨论，不管有没有机会，该做的还得做。但奇怪的是，不同背景的人谈及农业，目光都会齐刷刷地盯向政策，答案似乎高度统一，但结果却总是南辕北辙。

更让人不解的是"农业的机会来了"被喊了十多年，似乎没有人认真解读：是十多年来农业始终如一的存在着一个机会？还是农业的机会十多年间一直都在源源不断地来？亦或是十多年来农业的机会终于马上就要来了？实际上，机会主义是对农业最大的伤害，真的无所谓机会不机会，农业只属于有情怀的人。

回归本真，既然每天都要吃饭，农业的机会就一直存在，它永远不会像386电脑、BP传呼机那样过时，也不会因为出台某项政策，机会才能来。"你见，或者不见，我就在那里，不悲不喜；你爱，或者不爱，爱就在那里，不增不减。"如果没有情怀，抓不住机会就会失望，就会生气，就会抱怨。如果没有情怀，即使抓住了机会，对农业来说也不是建设，而是破坏，甚至灾难。一是它掏空了政策，掠夺了本属于农民的福利，导致产生了纯粹的投机主义；二是破坏了农业自有的生态平衡，让农业自身陷入急近功利的恶性循环；三是导致了粮食和食品安全，人人自危。

这里的情怀，可能是对农业的情怀，也可能是对家乡的情怀，更可能是对家人健康的关爱，还可能是因为对某一个作物的特别爱好……总之，因为某种机缘巧合干起了农业。这种农业往往不是以盈利为核心目的，所以总能坚守自己"有所为有所不为"的底线。我们应把"情怀农业"升格为"第一产业"。

■ 有些事，不管我们愿意不愿意，都要发生；有些人，不论喜欢不喜欢，都要面对。人生中遇到的所有事和人，都不是以我们的意志为转移。愿意也好，不喜欢也罢，该来的会来，该到的会到，没有选择，无法逃避。我们能做的就是，面对、接受、处理、放下。

打造农业品牌需具备的条件

　　品牌已经成为一种资源，经过经营品牌而获得最大化收益已经成为企业最重要的经营理念。

　　三流企业卖苦力，二流企业卖产品，一流企业卖品牌。

　　打造农产品品牌的条件。

　　1.产品要有特色

　　特色也就是差异化，不能只考虑生产，不考虑营销和品牌，要将产品优势和消费者需求对接，根据消费者的需求生产产品，产品一定要有差异化。

　　对于消费者来说，品牌不只是"东西好"的代表，更

是代表了企业的诚信、责任、使命和购买产品后的保障。

品牌个性、品牌特色更是成为消费者购买产品的重要依据，面对琳琅满目的货架，只有成为唯一性的品牌，消费者才能看得见你，只要你的品牌有特色，消费者才会认可才会消费。

2. 产品具有独特创意

用一种创意把硬资源和软资源结合起来，形成一种自己的知识产权，形成一种经营模式或产品样式，这也是品牌的一种支点。

3. 拥有丰富文化内涵

品牌之所以越来越重要，是因为文化消费的比重越来越大。一种产品，除了消费它的物质价值之外，还可以消费它的文化价值。产品的文化价值主要存放在品牌之中。

4. 满足消费者的潜在需要

随着经济的发展，消费者所需要的是产品的多种质量和性能，对农业产品的要求不再仅仅满足吃饱这个层次的需要，而是逐渐向精神文化层次提出新的要求。人们收入水平与文化修养的越高，对精神文化的追求就更强烈，所以，消费者对名牌需求潜力是巨大的。

5. 借助优势产业

借助于优势产业可以造就品牌。

品牌是一个地区发展的标志，是支撑区域经济发展的重要力量，其对区域经济的影响与作用是不可估量的。品牌因产业而彰显魅力，产业因品牌而快速发展。因此，各级政府应当正视品牌对经济发展的推动作用，着力打造区域品牌。

■ 与多疑人共事，事必不成；与好利人共事，己必受累。

农业品牌化的核心就是实现农产品的标准化生产和商品化包装，并最终实现产品可识别、可量化、可追溯以及高价值的品牌化营销。农业品牌成长至今，可以说是形成了四个层次或者四个阶段的价值形态，分别是"以品种论英雄的产品价值"，"以地域特色为主的产地价值"，"以生产标准化和产业现代化为主的产业价值"，"以文化、生活和消费理念为主的文化价值"。每个价值层次都是更高一层的价值基础，也都有自己评判标准。

➢ 产品价值：品种优势、产品认证、产品研发，以产品取胜

➢ 产地价值：产地优势、产地认证、产地认同，以产地取胜

➢ 产业价值：产品商业化率、品牌集中度，打造产业链价值优势

➢ 文化价值：产品文化、产地文化、产业文化，塑造生活方式、身份地位

■ 做研究，最重要的是深度和逻辑；做决策，最重要的是角度和分寸。好的研究成果，全面透彻而点中要害；好的投资决定，赔率出众又坚韧抗风险。研究员最宝贵的是深刻和前瞻性，基金经理最宝贵的是敏锐和抗压性。同样优秀的基金经理和研究员，却未必能互换。

■ 宇宙内事要力担当，又要善摆脱。不担当，则无经世之事业；不摆脱，则无出世之襟期。因为浮生如寄（虚），所以我们要善于摆脱。懂得了摆脱，我们才有高旷的怀抱，活出人生的真味。因为浮生如系（实），所以我们要有担当，把自己应尽的责任担在肩上，不虚与委蛇，不怨天尤人。而一段好人生，恰应在如寄如系中，俯仰自如，进退有据。

在传统农业中，农民经营的农产品一般没有品牌，属于无品牌商品，但有一些具有特色的传统产品，往往以其产地作为品牌。农业营销者必须制定有关品牌的决策，这些决策主要包括品牌有无策略、品牌归属策略、品牌命名策略、品牌扩展策略和品牌重新定位策略等决策。

品牌有无策略决策

农产品营销者首先要确定生产经营的产品是否应该有品牌。尽管品牌能够给品牌所有者、品牌使用者带来很多好处，但并不是所有的产品都必须一定有品牌。现在仍旧有许多商品不使用品牌，如大多数未经加工的初级原料，像棉花大豆等；一些消费者习惯不用品牌的商品，如生肉、蔬菜等；临时性或一次性生产的商品等。在实践中，有的营销者为了节约包装、广告等费用，降低产品价格，吸引低收入购买力，提高市场竞争力，也常采用无品牌策略。如超市里就有无品牌产品，它们多是包装简易且价格便宜的产品。

必须说明的是，农产品无品牌也有对品牌认识不足、缺乏品牌意识等原因。当然，农产品有无品牌不是一成不变的。随着品牌意识的增强，原来未使用品牌的农产品也开始使用品牌，如泰国香米，新奇士橙子、红富士苹果等，品牌的使用也大大提高了企业的利润率。

■ 时光煮雨，岁月缝花。一岁年龄一岁人，一年踪迹一年心。人之一生，到底要走过多少路，跨过多少桥，历过多少事，才能真正活成波澜不惊的模样且让一切烦绪，随风飘散；让每一次艰辛的淬炼更加坚定心底的信念，每一份刻骨的沉淀更加强大内心的丰盈。

■ 丰子恺说既然无处可逃，不如喜悦，既然没有净土，不如静心，既然没有如愿，不如释然，感谢每一次磨练，让你走向成熟。年轻时看远，中年时看透，老年时看淡，时光越老，人心越淡。岁月催人老，人生如过客。珍惜好时光，青春永不老。

品牌归属策略决策

确定在产品上使用品牌的营销者，还面临如何抉择品牌归属的问题。一般有三种可供选择的策略，其一是企业使用属于自己的品牌，这种品牌叫做企业品牌或生产者品牌；其二是企业将其产品售给中间商，由中间商使用他自己的品牌将产品转卖出去，这种品牌叫做中间商品牌；其三是企业对部分产品使用自己的品牌，而对另一部分产品使用中间商品牌。

一般来讲，在生产者或制造商的市场信誉良好、企业实力较强、产品市场占有率较高的情况下，宜采用生产者品牌；相反，在生产者或制造商资金拮据、市场营销薄弱的情况下，不宜选用生产者品牌，而应以中间商品牌为主，或全部采用中间商品牌。必须指出，若中间商在某目标市场拥有较好的品牌忠诚度及庞大而完善的销售网络，即使生产者或制造商有自营品牌的能力，也应考虑采用中间商品牌。这是在进占海外市场的实践中常用的品牌策略。

品牌统分策略决策

古代有这样一副对联："当盛怒时，少缓须臾，俟心气和平，省却无穷烦恼；处极难事，静思原委，待精神贯注，自然有个权衡。"缓以养"稳"，说话缓，自然容易慎言；举止缓，可以自我检点。动中有静更比静中有动高。曾国藩说："世事多因忙里错，且更从容。"缓一缓，漫步人生更精彩。

营销者必须决定企业不同种类的产品是使用一个品牌，还是各种产品分别使用不同的品牌。决策此问题，通常有四种可供选择的策略。

1. 统一品牌策略

统一品牌是指厂商将自己所生产的全部产品都使用一个统一的品牌名称，也称家庭品牌。企业采用统一品牌策略，能够显示企业实力，在消费者心目中塑造企业形象；集中广告费用，降低新产品宣传费用；企业可凭借其品牌已赢得的良好市场信誉，使新产品顺利进入目标市场。然而，不可忽视的是，若某一种产品因某种原因（如质量）出现问题，就可能牵连其他种类产品，从而影响整个企业的信誉。另外，当然，统一品牌策略也存在着易相互混淆、难以区分产品质量档次等令消费者感到不便的问题。

2. 个别品牌策略

个别品牌是指企业对各种不同的产品分别使用不同的品牌。这种品牌策略可以保证企业的整体信誉不会因某一品牌声誉下降而承担较大的风险；便于消费者识别不同质量、档次的商品；同时也有利于企业的新产品向多个目标市场渗透。显然，个别品牌策略的显著缺点是大大增加了营销费用。

3. 分类品牌策略

分类品牌是指企业对所有产品在分类的基础上各类产品使用不同的品牌。如企业可以对自己生产经营的产品分为蔬菜类产品、果品类产品等，并分别赋予其不同的品牌名称及品牌标志。分类品牌可把需求差异显著和产品类别区分开，但当公司要发展一项原来没有的全新的产品线时，现有品牌可能就不适用了，应当发展新品牌。

4. 复合品牌策略

复合品牌是企业对其各种不同的产品分别使用不同的品牌，但需在各种产品的品牌前面冠以企业名称。复合品牌的好处在于，可以使新产品与老产品统一化，进而享受企业的整体信誉，节省促销费用。与此同时，各种不同的新产品分别使用不同的品牌名称，又可以使不同的新产品彰显各自的特点和相对的独立性。

■ 清代张潮《幽梦影》，读后给人如梦如影总幽幽，泉石花草清凉之感。艺花可以邀蝶，垒石可以邀云，栽松可以邀风，贮水可以邀萍，筑台可以邀月，种蕉可以邀雨，植柳可以邀蝉。楼上看山，城头看雪，灯前看花，舟中看霞，月下看美人，另是一番情景。

品牌重新定位策略也称再定位策略，就是指全部或部分调整或改变品牌原有市场定位的做法。虽然品牌没有市场生命周期，但这决不意味着品牌设计出来就一定能使品牌持续到永远。为使品牌能持续到永远，在品牌运营实践中还必须适时、适势地做好品牌重新定位工作。

企业在进行品牌重新定位时，要综合考虑两方面影响因素：一方面，要考虑再定位成本，包括改变产品品质费用、包装费用和广告费用等。一般认为，产品定位或品牌定位改变越大，所需的成本就越高；另一方面，要考虑品牌重新定位后影响收入的因素，如该目标市场上有多少顾客，平均购买率，竞争者数量，潜在进入者数量，竞争能力如何，顾客愿意接受的价格水平等。

品牌重新定位策略决策

王维《瓜园诗》中有一句名言，
"携手追凉风，放心望乾坤"。让
别人放心自己，且使自己放心自
己，是一种境界，是一种能力，
是一种定力，是一种信心，是一
种决心，是一种胸怀。

多品牌策略决策

多品牌策略是指企业同时为一种产品设计两种或两种以上互相竞争的品牌的做法。虽然多个品牌会影响原有单一品牌的销量，但多个品牌的销量之和又会超过单一品牌的市场销量，增强企业在这一市场领域的竞争力。

采用多品牌策略的优点如下。

（1）多种不同的品牌可以在零售商的货架上占用更大的陈列面积，即吸引了消费者更多的注意，同时也增加了零售商对生产企业产品的依赖性。

（2）提供几种品牌不同的同类产品，可以吸引那些求新好奇的品牌转换着。

（3）多种品牌可使产品深入多个不同的细分市场，占领更广大的市场。

（4）有助于企业内部多个产品部门之间的竞争，提高效率，增强总销售额。

采用多品牌策略的主要风险就是使用的品牌数量过多，以致每种品牌产品只有一个较小的市场份额，而且没有一个品牌特别有利可图，这使企业资源分散消耗于众多的品牌，而不能集中到少数几个获利水平较高的品牌上，这是非常不利的局面。解决的办法就是对品牌进行筛选，剔除那些比较疲软的品牌。因此，企业如果采用多品牌策略，则在每推出一个新品牌之前应该考虑：该品牌是否具有新的构想；这种新的构想是否具有说服力；该品牌的出现可能夺走的本企业其他品牌及竞争对手品牌的销售量各有多少；新品的销售额能否补偿产品开发和产品促销的费用，等等。如果这几方面的估测的结果是得不偿失，则不宜增加这种新品牌。

农产品品牌延伸策略

品牌延伸是指企业采用现有成功的品牌产品的品牌，将它应用到新产品经营的全过程。对农产品企业来说，品牌延伸有利于新产品快速地进入市场，能满足消费者不同需求，有利于品牌价值最大化，有利于企业开展多元化业务分散经营风险。

农产品品牌延伸的基本策略有。

（1）向上延伸策略。指企业以低档或中档产品进入市场，之后渐次增加中档或高档产品。这种策略有利于产品以较低的价格进入市场，市场阻碍相对较小，对竞争者的打击也较大。一旦占领部分市场，向中、高档产品延伸，可获得较高的销售增长率和边际贡献率，并逐渐提升企业产品的高档次形象。

（2）向下延伸策略。这种策略与向上延伸策略正好相反，指企业以高档产品进入市场后逐渐增加一些较低档的产品。此策略有利于公司或产品树立高档次的品牌形象，而适时发展中、低档产品，又可以躲避高档产品市场的竞争威胁，填补自身中、低档产品线的空缺，为新竞争者的涉足设置障碍，并以低档、低价吸引更多的消费者，提高的市场占有率。这种策略的优点是有利于占领低端市场，扩大市场占有率；缺点是容易损害核心品牌想象，分散核心品牌的销售量，甚至

■留不住的是岁月，忘不了的是情义，谢不尽的是关怀。既往不恋，未来不迎。今天，我们需要学会归零，放下过去，不畏将来，不念过往，以更好的自己从当下重新出发！

在核心品牌的消费族群中留下负面印象。

（3）双向延伸策略。这是指生产中档产品的企业，向高档和低档两个方向延伸。这种策略有利于形成企业的市场领导者地位，而且由中档市场切入，为品牌的未来发展提供了双向的选择余地。这种策略的优点是有助于更大限度地满足不同层次消费者的需求，扩大市场份额；缺点是容易受到来自高低两端的竞争者的夹击，或者造成企业品牌定位的模糊。

（4）单一品牌延伸策略。就是指企业在进行品牌延伸时，无论纵向延伸还是横向延伸都采用相同的品牌，品牌名称、商标、标示等品牌要素都不改变。这种做法的好处就是让品牌价值最大化，充分发挥名牌的带动作用，相对节省品牌推广费用，快速占领市场；局限性是有些产品不一定适合这个品牌，致命的缺点就是一旦某一产品出了问题会连累其它产品，损害整个品牌形象，造成一损俱损的后果。

（5）主副品牌策略。就是以一个主品牌涵盖企业的系列产品，同时给各产品打一个副品牌，以副品牌来突出不同产品的个性形象。利用"成名品牌＋专用副品牌"的品牌延伸策略，借助顾客对主品牌的好感、偏好，通过情感迁移，使顾客快速认可和喜欢新产品，达到了"既借原品牌之势，又避免连累原品牌"的效果，可谓左右逢源。但需注意的是，副品牌只是主品牌的有效补充，副品牌仅仅处于从属地位，副品牌的宣传必须要依附于主品牌，而不能超越主品牌。

（6）亲族品牌延伸。所谓亲族品牌策略，是指企业经营的各项产品市场占有率虽然相对较稳定，但是产品品类差别较大或是跨行业时，原有品牌定位及属性不宜作延伸时，企业往往把经营的产品按类别、属性分为几个大的类别，然后冠之以几个统一的品牌。

亲族品牌策略的优势是避免了产品线过宽使用统一品牌而带来的品牌属性及概念的模糊，且避免了一品一牌策略带来的品牌过多，营销及传播费用无法整合的缺点。亲族品牌策略无明显的劣势，但是相对统一品牌策略而言，如果目标市场利润低，企业营销成本又高的话，亲族品牌策略略显营销传播费用分散，无法起到整合的效果。因此，如果企业要实施亲族品牌策略，应考虑行业差别较大，现有品牌不宜延伸的领域。

区域品牌

观朱霞，悟其明丽；观白云，悟其卷舒；观山岳，悟其灵奇；观河海，悟其浩瀚；则俯仰间皆文章也。观绿竹，得其虚心；观黄华，得其晚节；观松柏，得其本性；观芝兰，得其幽芳；则游览处皆师友也。

　　狭义的区域品牌，是指某个行政或地理区域内形成的以产业集群为依托，具有较大生产规模、较高市场占有率和较强社会影响力，并为该地产业与企业所共同拥有的知名品牌。

　　广义的区域品牌，除了包括产业与企业品牌集群外，还包括区域文化品牌、名胜品牌和景观品牌等。

　　区域品牌的基本构成要素主要包括区域特性、品牌内涵和产业特色等。其表现形式通常为：区域名称＋优势产业（或产品，或名胜，或景观）名称。如金华火腿、安溪茶叶等。最关键的是要做好"整合传播，抱团发展"。

　　➢ 区域品牌（三要素）

　　区域特性——区域品牌的重要组成要素

　　品牌内涵——区域品牌的基本要素

　　产业特色——区域品牌的基本内容

和一般企业品牌相比，区域品牌除具有品牌的一般属性之外，还具有以下四个特征。

（1）区位性。区域品牌通常不以某一个企业或产品为依托，而以某一特定区位为载体，地域特色鲜明。

（2）公共性。区域品牌不属于单个企业或产品，而是区域内生产相同产品的相关产业和企业所共同享有的无形资产，代表着该地产业集群的公共形象。

（3）协同性。区域品牌打造的是整体形象，因此该区域内的企业或产品更多的不是竞争关系，而是合作与协同关系。

（4）持久性。与单个企业或产品品牌不同，区域品牌是区域内众多企业产品良好质量和可靠信誉的结合体，具有自我完善、自我调整的功能，不会因为某个企业或产品的兴衰而改变。这种持久性是一般企业或产品所不具备的。

区域品牌的特征

■ 养德宜操琴，炼智宜弹棋。遣情宜赋诗，辅气宜酌酒。解事宜读史，体物宜展画。适境宜按歌，阅候宜灌花，涉趣宜观鱼，独立宜望山。倦游宜听雨，逸兴宜投壶。爽致宜临风，愁怀宜仁月。辟寒宜映日，空累宜看云。

111

（1）集群升级的一种手段。有利于吸引顾客，有利于集群企业以较小的成本达到品牌营销的效果，有资源、资金、人才等生产要素集聚功能。帮助区域内企业产品促销。

（2）为消费者选用商品起导向作用。以产业集聚区作为区域品牌，便于生产者和消费者识别并作出反应，刺激区域政府不断完善该项产业发展规划，创造发展该项产业的硬环境和软环境，提高服务质量。

■ 同样是一颗心，有的能装下高山和海洋，有的则能大如虚空，包容一切，有的却只能装下一己之悲欢。有大心量者，方能有大格局，有大格局者，方能成大气候。心有多大，世界就有多大，梦有多远，脚步就能迈多远。如果你的心还不够大，就用经历、痛苦与磨难去撑大它吧。

■ 使人疲惫的不是远方的高山，而是鞋里的一粒沙子

从区域品牌与企业产品品牌的关系来分，区域品牌可分成三大类。

（1）集群中没有企业产品品牌，集群所有企业或大多数企业都使用区域品牌。

（2）在区域这个大品牌下，集群内的企业各自使用各自的品牌，区域品牌仅仅是企业产品的一个关联物，企业可以利用这个关联物来建立自己的品牌。

（3）中间型，企业产品使用双品牌，既打区域品牌又打企业产品品牌。

■ 人间路，深一脚浅一脚，步步皆带故事；人间事，清一事浊一事，事事都有因果。

　　所谓农产品区域品牌是指以独特自然资源及悠久的种植、养殖方式与加工工艺历史的农产品为基础，经过长期的积淀而形成的被消费者所认可、具有较高知名度和影响力的名称与标识，它是一个地域内农业生产者经营者用的公共品牌的标志，它以特定特色化、规模化的农产品的地域集聚为基础。

　　其构成要素：地理区域、社会文化环境、产业基础（或称产业实力）

　　农产品区域品牌的形成原因：

➤ 内生原因

集群中企业发展的需要；

集群本身和当地经济发展的需要；

当今产业转移的背景下提升综合国力的需要。

➤ 外生原因

政府等公共部门的引导培育；

区域品牌是品牌自身发展和延伸的结果。

是某一地域的农产品品牌参与市场竞争时在农产品生长环境、品质、功能、形象、品牌文化等方面所透露出来的区别或领先于其他区域农产品的独有优势。

评价指标：区域要素（区域资源基础、区域组织管理能力、区域农业生态环境、农产品区域品牌的社会价值）、品牌要素（品牌创新能力、品牌定位、品牌价格及质量、品牌知名度与美誉度）、产业要素（农业产业集群发展速度、农业产业化龙头企业、配套型中小企业发展、农业产业化水平）、支持要素（农产品质量安全体系、信贷环境、技术状况、行业协会的协调与监管）。

农业区域品牌影响力（区域品牌价值）＝区域优越性（传递价值、产业价值）＊产品销售力（产品价值，市场营销）＊品牌传播力（品牌推广、管理运营）＊文化认同感（文化价值、消费理念）

■ "耐得千事烦，收得一心清"，耐烦的人，能够掌控自己的杂念妄想，消融烦恼，保持温和平静。古人云：每临大事有静气，稳住阵脚心不慌。其中的要义就是"耐烦"。不然心急如焚，莽撞行事，只会使事态的发展更混乱，更控制不住局面。遇到大事，危急时刻，怨天尤人不是办法，只有静下心来冷静思考，慎重处理才是根本之道。

区域品牌的塑造过程是一个长期积累、持续不断丰富和不断沉淀完善的过程。区域品牌不仅承担着市场规范和区域产品销售推动的责任，而且肩负着引领区域产业价值提升的历史使命。所以，一个成功的饱满的区域品牌，除具备普通品牌的基本的品牌吸引力、品牌价值力和品牌亲和力以外，还应该兼具品牌凝聚力和品牌号召力。

一个完善的区域品牌应该能需要解决以下五个问题：对市场而言，凭什么让消费者注意你，靠近你？凭什么让消费者多花钱，消费你？凭什么让消费者和你成为朋友，互相忠诚，反复消费你？对内部而言，小型经营主体（小企业、小合作社、种养个体散户），要么有生产规模没有品牌意识，要么有品牌意识但没有营销资源，多、小、散、乱，怎么整合？大型经营企业（龙头企业、龙头合作社）自己有品牌有渠道，为什么要拿出资源，听你的？

相对应以上五个问题，区域品牌五力模型：一套有吸引力的品牌名称及符号系统，一套有亲和力的品牌定位及理念系统，一套有价值力的品牌矩阵及产业系统，一套有凝聚力的品牌管理及运营系统，一套有号召力的品牌仪式及推广系统。

■ 当下热词"佛系"，说的是：有也行，没有也行，不争不抢、不求输赢，以"一切随缘"为特征的生活方式。而佛教认为的"一切随缘"，是指根据现有的条件和情况做出正确的选择，并不是"佛系"认为的遇事不主动、不积极、不改变。佛教哲学中"随缘"一词的积极内涵，是一种智慧豁达、勇猛精进的态度，把时间和精力用在最该用的地方，跟随时空因缘条件的变化而不断调整自己的生命状态，达到"苟日新，日日新"。

农产品区域品牌战略模式

先发型农业区域品牌战略模式

领先型农业区域品牌战略模式

聚焦型农业区域品牌战略模式

差异型农业区域品牌战略模式

■ 世间的物有各种方面，各人所见的方面不同。譬如一株树，博物家见其性状，园丁见其生息，木匠见其材料，画家见其姿态。但画家所见的，与前三者又根本不同。前三者都有目的，都想起树的因果关系，画家只是欣赏目前的树的本身的姿态，而别无目的。所以画家所见的是美的世界。

先发型农业区域品牌战略模式

■ 管理中两个最重要的价值：一是怎么实现目标和绩效，二是怎么让人在组织中有意义。故未来管理最大的问题就是"赋能与激活人"。人力资源最重要的两个职能：赋予能力（量）和职业成长。回归以人为本，就要回归到：员工以顾客为本，管理者以员工为本，领导以管理者为本，这样才能激活人。

（1）定义：通过开创区域农业新品类来快速创建品牌（蓝海型）

（2）路径：①在原有区域农业产业基础上进行突破性创新，培育出新的品种类别或开发出新产品品类。②从区域外引入新的农业产业品类。

（3）实施条件：①原有产业突破式：一定的产业科技和研发创新能力、一定的投入能力。②区域外植入式：自然环境适应、引进新品种、配套科技能力、符合消费需求和发展趋势、具备将引入新产品推向市场的产业运营能力。

（4）实施要点：①对新产业产品主要目标市场及消费人群进行定位，明确新产业类别及产品种类结构。②新产品上市得到消费者认可以后，分步推进。③一旦被消费者接受，加快推进，争取成为该品类代名词。④在进行品牌整合传播时要强调区域新产业原创性、首创者、正宗或原产地的品牌形象。⑤植入式区域先发型品牌战略的实施，不必过多宣传引进产地，应强调引入的新品种在新的环境下，产品品质比引入的更胜人一筹。⑥构建竞争壁垒，将相关产业文化植入其中。

■ 人生最大的遗憾，莫过于将一辈子的聪明都耗费在
战术上。当你抬头一看，你精益求精的事情，它们
所在的职业或行业已经衰落，或社会价值与个人价
值都很低微，或前进的战略大方向错了。

1.定义

保持行业第一的品牌战略，成为行业领导品牌。

如提到葡萄酒产业，首先想到的是法国葡萄酒，提及花卉产业，首先想到的是荷兰花卉产业。第一品牌会产生"品牌惯性力"，后者难以超越。

2.路径

①如已第一，巩固地位。②如非领导品牌，超越竞争对手。③开创新品类，成为第一。

3.实施条件：①具有一定产业规模；②较强的产业创新能力；③较强的市场开拓能力；④较强的产业要素整合发展能力。

4.实施要点如下。

（1）已处领导地位时：①坚守食品安全底线。②持续提升区域农业产业整体性发展合力和产业创新能力。③持续培育区域农业的产业文化。④加大专业化人才培养。

（2）处非领先地位时：①对现有品牌再定位，构建与领先品牌差异化的品牌价值定位。②研发新品种。③培育区域农业特色的产业文化。④采用迂回战术，避开正面竞争。⑤品牌推广创新，善于利用行业消费意见领袖、行业专家、主流新媒体及公关手段进行品牌整合传播。

1.定义：专业化生产的品牌战略。

当消费者一提到某个区域，就能知道该区域主要发展什么农业产业。

2.路径如下。

（1）区域农业产业品类聚焦；

（2）区域农业产品市场聚焦；

（3）区域农业产品消费群体聚焦。

3.实施条件。

（1）相对较小的区域范围；

（2）具有一致性独特文化的区域范围内；

（3）特色旅游产业区域；

（4）生产、加工标准化程度较高的区域。

4.实施要点如下。

（1）运用跨区域思维，放大市场容量。

（2）做好区域农业产业适宜性发展管理。如在农业生产加工环节实施聚焦，风险就小得多。

（3）坚守食品安全底线。

（4）打造高素质专业化人才梯队。

（5）对产业产品的核心价值功能及产品主要目标消费人群或消费市场进行精准聚焦定位。

（6）尽可能在产业链的加工和市场终端环节聚焦。（实现区域农业产业的跨区域、跨境农业原料供应和产品销售市场整合，延伸区域农业的产业链和价值链）

■ 人常说，常在江湖混，哪有不挨棍，也就是说，工作过程中，有说闲话的，有批评的，有帮倒忙的，还有背后说你不好的，如果你作为高管，那一定是一笑了之，有谁听说过天天说别人坏话就能成功的，还有谁听说过，天天反论别人还能大器者，所以，心胸宽广，不受一些人影响，大度，这样的人，才可以做到高管，这叫有格局。

■ 很多事情，做得多了，就自然做得比别人好；做得比别人好，兴趣就大起来了，而后就更喜欢做，更擅长，更良性循环……所以，并不是有兴趣才能做好，而是做好了才有兴趣，你发现美好，美好也会发现你；你尊重别人，别人也会尊重你……生命就像一种回音，送出什么回收什么；播种什么，收获什么！

1.定义：

创建与竞争对手差异化的品牌战略。

避开与竞争对手正面冲突，做对手还未做的事，做对手不擅长的事。包括生产环境差异化、生产过程差异化、农业生产资料供应差异化、物流过程差异化、产品销售环节差异化、产品的差异化、产业文化的差异化等，最具独特性的差异化是区域农业产业文化差异化。

2.路径：

①顺势差异（利用自身优势实施差异化）；②创势差异（创造新优势）。

3.实施条件：①在同行业中竞争优势不凸显。②区域农业产业链上每个环节都可以作为差异型区域农业品牌战略的切入点，只要某个或几个环节具有差异化的特征优势。

4.实施要点如下。

（1）培育差异化的区域农业产业文化。

（2）培育产业创新能力。

（3）避免与对手正面交锋，站在对手反面或侧面进行竞争。

（4）构建强有力的资源配置体系。

（5）以区域农业生产环境要素的差异性作为切入点（自然资源、地理环境、气候环境等）。在产业链的诸多环节也可以获得区域差异品牌优势。

（6）利用产业间融合的理念实施差异化战略。

（7）利用现代科学技术与农业产业跨界融合实施差异化战略，如基因技术、物联网技术、大数据、云计算等。

品类是大锅饭，品牌才是金饭碗

消费者以品类思考，用品牌选择。

区域品牌是公用品牌，其特征就是共享性，区域农产品的品牌开发管理收益往往不是同一主体，品牌成为"公共牧场"，可能会被企业、农户等主体滥用，却得不到应有的保护，这是区域名品，很可能会成为区域差品。

如何才能发挥区域名品的资源优势，真正造福于消费者和经营者？最好的方法是将区域品牌资源向企业主体品牌资源转化，即明确企业是区域品牌的经营主体和受益主体，关键问题是区域名品的共享性特征使企业不可能成为区域品牌的唯一受益者，企业不能独占区域

■ 所谓的发心，是指把超出你份内的事情做好。份外所做的事情才叫发心奉献，才能修福修慧。你份内的、职责范围内的事情是你应该做的，你就是做得再好也不叫发心。你做你不需要、但他人需要、众生需要的事情才叫发心。

农产品的品牌效应。那企业的出路在哪里？抢占消费者心智资源。

区域农产品为什么会成为名品？是因为其独特的地理环境、产品品质、历史人文等特点，在消费者心中留下了美好印象。企业只要将这些美好印象有创意地合法据为己有，可实行母子品牌，即抢占消费者心智资源，就会赢得市场。

面对产地公地，抢占资源是对的，但是必须出于地域高于地域，占据品类，打造属于自己企业的品牌，就像涪陵榨菜中的乌江，金华火腿中的金字。还要善于传播，率先抢占消费者心智。站在区域公用品牌的肩膀上，以商业品牌为重，把地标做成品牌的背书。

■ 庄子说，"人能虚己以游世，其孰能害之！
"意思就是一个人如果不把自己当回事，不
以自我为中心，放下自以为是、放下偏见
和无用的面子，谁又能伤害他呢？

过去我们提到品牌，就会提及品牌的"四度"——知名度、美誉度、忠诚度、价值度。在移动互联网时代，中国消费者变得极为喜新厌旧，从企业角度出发的"四度"品牌，已经越来越难以满足消费者，"四度"品牌的存在感、参与感、幸福感、优越感理念，需要向"四感"营销转变。只有消费者对品牌和产品感兴趣，进而引发情感共鸣，方能建设高品价值品牌。

➢ 存在感——从消费者角度出发，让其对号入座

我思故我在，我在故我买。从心理学的角度说，人们只关注与自己有关的事情，品牌的存在感，就是让消费者把自己代入到品牌中来，让消费者对号入座，对品牌产生认同和共鸣。

➢ 参与感——让消费者参与，自己的孩子自己疼

参与感，就是让消费者参与到产品和品牌的研发，生产和消费过程，对农业区域品牌而言，农旅一体化的结合，使品牌的参与感相对容易实现。

➢ 幸福感——愉悦消费者身心，幸福才能相爱

消费者精神层面的需求，随着时代的变迁越来越强烈，他们绝不仅仅满足于一个产品的价值、一次有趣的体验，而希望得到更多的幸福感受和对未来的憧憬，这意味着品牌工作的重点，除了产品和体验之外，幸福感的满足将成为关注的焦点。

➢ 优越感——激发消费者自豪，诱导分享传播

优越感，来自消费者体验和使用品牌后的情感感受，这种感受，可能是满足了消费者彰显个人身份和地位后的感受，也可能是品牌理念和消费者个人理念相吻合后体现出来的满足。

➢ 造势引导策略，即领导者策略

此策略一般应用于技术领先、实力雄厚、规模优势、主导市场的行业领导者。领军企业一般能通过树立行业标准、引导消费观念等方式主导行业发展，从而确定自己一直走在行业的最前端，甚至有的时候领导企业要负起挽救整个行业的责任，因为行业不行了，受损失最大的就是领导企业和领导品牌

➢ 造反超越策略，即挑战者策略

挑战者是行业第一阵营里领导者的直接竞争对手，除市场份额与领导者有一定差距外，行业地位和企业优势都有很多相似之处。为与行业领导者争抢市场，突破领导者设置的行业壁垒，通常会从技术革新和扭转消费观念上大做文章。

➢ 造类差异策略，即跟随者策略

跟随者一般为区域市场强势品牌，他们通过市场细分、产品差异化、消费者需求和消费时机等方面的深度研究进行差异竞争，利用自己的区域优势和价格优势，取得区域市场与一流企业的相对竞争优势。

➢ 造仿跟随策略，也是市场跟随策略

采取此类竞争策略的企业构成相对复杂，没有严格的界定，比如在一些成熟行业，大企业之间相互模仿，跟随几乎已成常态。在市场研究、产品创新、市场管理等方面明显乏力的区域品牌，也可以在自身实力允许的情况下进入大企业已经培育好的市场，做出跟随型动作。

■ 否，不 + 口。真正反对你的人，往往"不"表现在"口"上，而是暗藏在心里。和摆在台面上的冲突相比，暗地里的争斗要危险得多。

长白山—鸟类的

长白山区
是我国北方鸟类繁
天堂,长白山鸟
277种,占我国
的20.9%,占
省鸟类的85%,
其中国家一级保护鸟类3
种,包括黑鹳、中华秋
沙鸭、金雕;国家二级
保护鸟类33　种,
包括大天鹅、
鸳鸯、普通鵟、
秃鹫、
长耳鸮等。
还有一　　些重
要的经
济鸟
类,主要
包括雁鸭
类、雉鸡等
20余种。

你做某件事,可能最初的目的很简单,就如
同要去寻找一杯解渴的水,忽然间就发现了
一湾清泉,带给你惊喜。平日里,我们总抱
怨生活太吝啬,我们想要的太多,根本无法
满足我们的愿望。可是,别忘了,生活还会
赐给我们当初没有索要过的惊喜。让我们以
爱之名,用心去做一件事吧。

下篇

农业品牌之术

　　孙子讲"上兵伐谋"，就是告诉我们，做事情要讲究方法，同样的实力，方法正确，则事半功倍，方法错误，则事倍功半，品牌建设也必须掌握正确的方法，正如爱迪生所说，"做所有事情总会有一个更好的办法，就看你能不能找到它。"

定位四步法

定位的基本方法，不是去创造某种新的、不同的事物，而是去操控心智中已存在的认知，去重组已存在的关联认知。

第一步，分析整个外部环境，确定我们的竞争对手是谁？竞争对手的价值是什么？

第二步，避开竞争对手在顾客心智中的强势，或是利用其强势中蕴含的弱点，确立品牌的优势位置——定位。

第三步，为这一定位寻求一个可靠的证明——信任状。

第四步，将这一定位整合进企业内部运营的方方面面，特别是传播上要有足够多的资源，以将这一定位植入顾客的心智。

■ 舞台再大，你不上台，永远是个观众；平台再好，你不参与，永远是在局外；能力再强，你不行动，永远只是羡慕。

■ "牢骚太盛防肠断，风物长宜放眼量。"牢骚太盛，动不动就生气发火，什么都不看惯的人，就享受不到心态好的人的那份快乐。人一旦有了好心态，便无事不能忍，无人不能容，如同从大地跃上天空，笑看人间烟云，挥手抛洒烦恼。

如何开始一个
定位项目

第一步，你拥有怎样的定位？定位需要逆向思维，定位需要从潜在顾客开始，而不是从自己开始，不要问自己是什么，要问自己在潜在顾客心智中是什么？

第二步，你想拥有怎样的定位？有时人们想要的太多，想占据的定位太宽泛，这样的定位很难在心智中建立。他们试图吸引所有人，结果什么人也没有吸引到。

第三步，谁是你必须超越的？不要对市场领导者进行正面攻击，绕过障碍要比穿过它好得多，最好是选择一个别人没有完全占据的定位。要从自己的角度考虑自己的处境，更要从竞争对手的角度考虑自己的处境。

第四步，你有足够的钱吗？成功定位的一大障碍是想实现不可能的目标。抢占人们的心智，需要金钱支持，建立定位同样需要金钱支持，保住已建立的定位，同样需要金钱支持。

第五步，你能坚持到底吗？可以将我们过度传播的社会看作是充满变化且持续不断的考验，新概念层出不穷，令人应接不暇。要应对变化，有长远的眼光很重要。要选择基本的定位并坚持下去。定位需要积累，需要年复一年地支持。

第六步，你符合自己的定位吗？有创意的人往往不接受定位思想，因为他们觉得这限制了他们的创造性。实际上，创意本身一文不值，只有为定位目标服务的创意才有意义。

■ 当自己看不清自己时，折上什么，反弹出来，才会了解自己，所以跟一些很强的磁场、很大的人物、很高的要求、很怕的事情相互碰撞，然后才知道自己是谁，这才是自我。

高端品牌是如何炼成的

➢ 高端品牌的价值基因

包括原产地价值基因、软文化价值基因、高标准价值基因、安全健康价值基因、独特工艺价值基因。

➢ 高端品牌的气质形象

高端之所以为高端，内在于品质档次，外在于品位形象，一以贯之。高端品牌的打造，必须要内外兼修，就像一个人，有修养和内涵，还要有令人喜欢的气质和恰当体现身份的服饰。消费者是从外而内了解品牌的，因此，高端形象的打造极为重要，正所谓入眼才能入心。要研究消费者品牌内涵、消费者价值取向，同时兼顾形象所传达出来的档次和规范，一要彰显独特的品牌调性；二是要打造专属的视觉符号；三要推广高端形象。

➢ 高端品牌在渠道和终端上有三大基本原则必须遵守：一要创建适量高端渠道，确立高端形象；二要适时分步开拓大众渠道，扩大销量；三要促销有度，包装有样，体验为上。

■ 心近则合，心远则散。两个人生气时，心的距离很远，即使面对面也
要喊。所以，生气的时候请保持沉默，更不要在生气时做决定。同时，
不要轻易指责别人，因为我们没有足够的智慧，去知道别人生活里的
喜怒哀乐，去真正体谅别人的酸甜苦辣。

品牌接触点管理的四个关键

　　品牌接触点，是指顾客有机会面对一个品牌讯息的情境，是顾客接受品牌讯息的来源。

　　品牌接触点管理的四个关键，包括关键对象，关键人员，关键环节和关键事件。

　　（1）关键对象，如意见领袖、价值客户和权威人物等。企业需要梳理他们对于企业的寄语和评价，有意识的进行见证式传播。

　　（2）关键人物，如商务人员，客服人员，项目经理等。他们与客户接触最直接、最频繁，是客户体验形成的重要来源。其管理重点在于规范言行，落实奖惩，常抓不懈。

　　（3）关键环节，这也是客户体验形成的重要来源。客户往往从关键环节判断和感知品牌，因此这些环节必须品牌化。

　　（4）关键事件，大多是直接影响客户体验的重要时刻。企业需要按照品牌要求，周密规划，形成流程和标准程序，以保障每次都能给客户留下深刻独特的品牌印象与记忆。

　　通过这些关键，企业可以在对外联络中传播统一的品牌形象，进一步提升品牌支撑力，增强品牌价值输出，强化品牌印象。

产生创意的4个方法

组织心理学家、沃顿商学院教授亚当·格兰特在"职场生活"节目中分享了产生创意的4个方法。

第一，头脑风暴不一定能够增加创意，人们独处时更容易有新的想法。很多公司都会用头脑风暴鼓励员工积极发言。参与会议的人越多，好想法出现的机会就越少。这是因为会议中人们无法同时表达意见。而且时间也有限，比较安静或内向的人容易被忽略，也许很多好的想法就被错过了。另外，人们在会议中提出的意见，大部分都比较保守，因为谁都不喜欢被人当成是傻瓜或疯子。但那些出人意料的好想法都是比较另类的，因此，它们不容易在会议中被提出。而且，人们一般都会选择支持老板提出的想法，不管它是不是最好的，于是人们经常花很多时间讨论老板的想法，而不是提出不同的意见。

第二，即兴的讨论能让人更加投入，但不要不停打断别人的发言。在讨论想法时非常的即兴，不需要事先彩排与规划。这是因为当我们知道别人正在回应自己的想法时，我们就愿意为这个讨论贡献更多即兴不代表就能不停地打断别人的发言，要确保即兴的发言会鼓励更多的讨论，而不是抹杀还未萌芽的想法。

第三，领导者要提供一个安全的讨论环境，并要及时称赞好的想法。即兴的讨论可以产生很多新想法，过程中，给参与者建立了一个安全的讨论环境，所以每个人都能够大胆的提出自己的意见。很多领导者会跟团队分享自己的弱点和失败经验，以此建立安全的讨论环境。

第四，不同文化背景能碰撞出更好的创意。创意的产生需要不同的文化、知识、性格的碰撞。为了确保制作团队中的差异性，可刻意对团队隐瞒参与者的个人信息，只看他们写的内容。创立团队时，要刻意的加入来自不同文化、性格的人，这样才能在互相碰撞中产生独特的创意。

生活中总有些人，尽管不够幸运，甚至深陷泥沼，但内心始终翻腾着一股躁动，就像遥远地平线上的光，挣脱山峦的围缚，越过无垠的原野，迸射出野蛮生长的力量。哪怕生活再黯淡无光，也遮掩不了心中自带的光芒。与其苟延残喘，不如纵情燃烧吧。

141

■ 雅俗并存于每个人身上，雅各有不同，俗大抵相似。俗是开门七件事，是物质基础，没有它，雅无处生根。雅是俗的枝丫上开出的花，是喧闹里迸出的音乐，没有它，生活只是日复一日的尘屑。让我们激情依然吧，保持感动，在俗的烟火外，营造一个雅的心灵世界。

I
M
C
的
顾
客
分
析

　　整合行销传播（IMC）的对象：对目标客户、利基市场、目标市场、市场区隔，主力顾客群、会员顾客的有效调查了解、分析、掌握及建立资料库。

　　（1）维系既有顾客：基本人口统计变数、心理统计变数、购买行为分析、媒体行为分析、会员分级制度、顾客利益点、顾客调查。

　　（2）开拓新会员，新顾客。

　　（3）建立其他利益关系人：上游供应商、下游通路商、政府单位、媒体界、股东、社团法人。

　　（4）坚定顾客导向，为顾客创造价值及满足需求。

　　（5）建立 CRM 系统（顾客关系管理）。

■ 罗马皇帝马可·奥勒留说过：与自己和谐相处之人，则与宇宙和谐共之。他的意思是，一个对自己的生活状态很满意的人，也会与他人及世界和谐相处。充满喜悦地，在自己的门前欢迎自己，并为此与自己相视而笑。云在青天水在瓶，生活的一切，自有深意。

事件行销活动

　　一场成功的事件行销活动的背后，除了有一支坚强的执行团队之外，事先做好活动的企划案撰写并予以演练之，更是必要。

　　事件行销活动企划案撰写事项，至少包括：活动名称、活动目的、活动时间、活动地点、活动对象、活动内容、活动设计、活动节目流程、活动主持人、活动现场布置示意图、活动来宾、活动宣传、活动主办协办和赞助单位、活动预算概估、活动小组分工组织表、活动专属网站、活动时程表、活动备案计划、活动保全计划、活动交通计划、活动制作物或吉祥物展示、活动录音照相、活动效益分析、活动整体架构图、活动后检讨报告、其他注意事项。

　　事件活动行销成功七要点。

　　（1）要吸引人：活动内容及设计本身有趣好玩有意义。

　　（2）赠品或抽奖：免费赠品或抽大奖活动。

　　（3）适度宣传：适度的媒体宣传及报道。

　　（4）适当的地点：活动地点的合适性及交通便利性。

　　（5）适合的主持人：主持人主持功力高、亲和力强。

　　（6）事先演练：大型活动事先要先彩排演练一次或两次。

　　（7）户外活动应注意季节性：例如避免阴雨天。

■ "老去空山秋寂寞，自锄明月种梅花"，不是采菊东篱下，悠然见南山，那样的时光太过闲适。也不是半醒半醉日复日，花开花落年复年，透着逃避现实的颓废迷茫。更不是行到水穷处，坐看云起时，那样追云逐月地寻求希冀，往往会将珍贵的事物遗落在匆匆的岁月中。它更像农人殷勤的躬耕，只将生命的种子播在心间，纵使有一天姹紫嫣红也视为自然而然，无喜无悲，从容淡泊。

品牌传播路径

　　品牌传播不是简单地告知，而是与目标受众建立深刻的纽带关系。整合品牌传播并不是一个新的品牌理论，在工业品牌建设中极为重要，但在农业品牌建设领域，往往被忽视。面对今天中国农业品牌传播的现状，创造品牌传播力，重塑消费者关系，依据消费者在感官层面和精神层面对物的 8 种不同感知方式，构建中国农业品牌传播的基本模式——品牌八识，即通过视觉、听觉、嗅觉、味觉、触觉进行感官层面的传播，通过解决品牌态度、潜在消费以及价值是否同源等方面展开精神层面的传播。

　　➢ 新型传播路径

　　智能传播（互联网大数据，人工智能应用）

　　IP 传播（原创，人性化）

　　移动传播（随时随地，自由自在）

　　社交媒体传播（交互、人机）

　　生活圈传播（分众传播，电梯广告）

　　族群传播（校园传播，精众传播）

　　场景传播（VR,AR,体验传播，场域传播）

　　娱乐传播（明星代言、娱乐节目，娱乐精神）

　　态度传播（价值观、自由精神）

　　游戏传播（互联网娱乐）

品牌传播方法

（1）传播对象分层定位，降低成本精准沟通。成本把控与精准传播是制定传播方案的基本准则。要在有限的经费预算里做到精准传播，就必须要对传播对象进行分层定位。目前的消费新市场，大体可分为3层，即大众、小众和精众，相对应的品牌特质则是 BRAND、ibrand、IBRAND。每一个群体有其独特的消费，有其习惯的媒介接触点，注意把握每个族群与媒介间不一样的关系，并与之对应，采取不同的传播策略、传播接触点与传播方式。

（2）传播符号注重差异，表征个性提升价值。品牌战略是差异化战略，注重个性化的差异。相对而言，农产品品牌的符号表达，更需要注重对文脉特征、地域风格的把握与凸显，形成其独特的个性特色，体现品牌独特的差异价值。品牌是符号的哲学，依靠差异化符号产生消费关注与消费价值。

（3）传播文脉突破时限，调整表达链接新人。20世纪80年代末期到90年代初期，"新新人类"一度成为创意界的流行词。这群人往往被贴上"新潮""年轻""不同于旧时代的人们"等标签，他们具有独立特征和艺术气息，喜欢标新立异，反抗形式主义，又极富创意。如今，"新新人类"成了个性化、时尚化的代名词，甚至开始引领潮流。作为日渐庞大的主流消费人群，他们的喜好、取向，也成了众多品牌关注的焦点、迎合的对象。

■ 悟透是岁月，走过才是人生。人生总有一个宏伟的蓝图，但不要过于依赖全部的希望，要知道，理想和现实总是并存的。人生难得的是历练过后的沉稳，知人过而不语，知世故而不世故，能做到这样才是真正的智者。命运从来不会厚此薄彼，无论是谁，只有经过风雨中的前行，才有岁月的阳光拥着红尘的深情与温暖；只有走过一路山高水长，才有季节的灿烂，绽放一树美好和安宁。

（4）场景传播体验先行，产销互联消弭距离。农事节庆、农产品展示展销等是常见的农产品推介平台。要充分、有效利用这些平台，通过场景向消费者传播品牌价值，同时也要注意增加消费者的参与感和体验感。也可以利用"互联网"优势，将线下活动搬到线上，形成线上线下互动。

（5）生活媒体360度互联，整合传播无缝对接。只有将消费者的生活轨迹洞察清楚，了解生活圈的媒体，用360度媒体互联应对市场时，才能够实现真正的整合品牌传播。整合品牌传播是指与消费者的生活节奏保持同步，并将其置身于品牌世界中。无论消费者在何时何地，都能够与其产生无缝对接，让消费者成为品牌共生、共享的一部分。

（6）代言传播效果为先，IP形象原创增值。品牌代言人是一个品牌的形象。代言人本身的形象与价值是否与品牌个性、品牌价值相符，能否对品牌起到正面传播效果，这是在选择品牌代言人时需要面对的不确定因素。美国在1996年时曾评过20世纪最具品牌影响力的品牌形象，获胜的几乎全是虚拟代言人。虚拟代言人由品牌设计者创造，能够避免真实代言人所带来的不确定性。关于IP形象，不是一个单纯的符号设计，需要赋予丰富的品牌故事，不断焕发生命的精彩，彰显品牌魅力与价值。

（7）消费诉求触角多元，物理精神双核击打。在消费去中心化的时代，品牌诉求需要根据阶层消费、多元消费的基本需求，实现物理功能和精神功能的双核实打。通过品牌的价值观和态度，去对应今天的消费者，才能真正震撼消费者的心灵。武当道茶在开展品牌规划时，便从道家、道教、武当道教与现代人对自由的追求中提出"朴守方圆，循心而行"的品牌态度。

（8）适时利用新锐传播，海角天涯近在咫尺。在大部分地方，农产品还是以比较传统的方式进行展示与销售，甚至还有很多品质上乘的农产品"养在深闺人不知"。对于今天的消费者来讲，体验感不够。移动传播、社交传播、视频传播、场景传播、代言传播、态度传播等各种新锐传播形式多样，要依据品牌战略，打破传统传播方式限制，充分利用新锐传播，重塑消费新关系。

社交电商是电子商务的一种衍生模式，是基于人际关系网络，借助社交媒介（微博、微信等）传播途径，以通过社交互动、用户自生内容等手段来辅助商品的购买，同时将关注、分享、互动等社交化的元素应用于交易过程之中，是电子商务和社交媒体的融合，以信任为中心的社交型交易模式，是新型电子商务重要表现形式之一。

作为农业品牌的新零售策略：转变意识，升级供应商为服务商。

（1）提供差异化、有溢价的产品。

（2）稳定的供应链服务。

（3）个性化的营销支持："零售终端就是最大的传播媒体"。

（4）量价互补的渠道组合。

小程序的兴起，弥补了微信公众号的不足，还有微博的变异——抖音、头条等，实质上都是增强了社群互动功能。

■ 内心丰富的人，才能看到美。人生如画卷，慢慢展开便是。一枝枯木，一块怪石，在实用上全无价值，而在画家看来是很好的题材。无名的野花，在诗人的眼中异常美丽。故艺术家所见的世界，可说是平等的世界。我们的心能与朝阳的光芒一同放射，方能描写朝阳；能与海波的曲线一同跳舞，方能描写海波。这正是"物我一体"的境涯，万物皆备于艺术家的心中。

➢ 抓住行业机遇，胜过百倍努力

➢ 聚焦优势资源，抢占老大宝座

从资源方面来说，只有聚焦资源，才能提炼品牌内涵，才能找到品牌传播推广的根基和依据。针对农业品牌创建的可供资源，包括地域资源、文化资源和产品资源，其中地域资源是实现农业品牌打造的基础，文化资源是实现品牌打造最具生命力的源泉，产品资源是实现品牌定位与创建的直接载体。

➢ 见得了市长，做得了市场

企业的发展终究要靠内生的动力，市场营销和品牌建设，应该是企业的核心工作。农业产业化企业必须打破心智屏障，重建市场边界，引入先进的品牌营销手段；要学

■ 我们不是超人，对于那些无力改变的事情，就不必太操心；操心也无用，相反影响了自己的情绪和身体健康。

会包装产品，让"土产"不再"土气"，再要学会宣传产品，做大市场，让特产走出区域、走向全国、走向世界；要学会整合资源，将分散的农户整合起来，内外借力把规模做大；要学会做价值，让产品升值，让产品走向高端，卖得贵，卖得多，卖得久！

➤ 人才第一，设备第二

善于整合资源和借势借力，是优秀企业的基因。如果事事亲力亲为，物物购齐到位，市场机会也许早没有了。品牌大业，没有人才和队伍，一切都是空中楼阁。

➤ 产品激活品牌，构建战略产品

产品是品牌的核心，同时是品牌的载体。产品不是越多越好，正确的做法是首先要聚焦、聚焦、再聚焦，通过明星产品收获利润，塑造品牌，之后逐步扩张。激活产品品牌，可以采取的措施；适应需求，满足需求，创新需求，实现需求，重复需求。回归产品，重视产品，专注产品，是实现差异化、创建品牌、赢得竞争，是企业持续盈利的根本途径。

➤ 抢占公共资源，披上文化"袈裟"

农产品看起来土，但是做起品牌来最讲究文化，用文化塑造提升品牌。中国的饮食承载着文化，文化影响着饮食。吃，因历史传统、因工艺传承、因人文故事、因雅趣品味而意境高升，源远流长，回味无穷。

➤ 速度比完美重要

行动，就有可能，发展中的问题要在发展中才能解决，或者说速度逻辑要建立的是一种实用主义机理：一个差的结果也比没有结果强，先占据，后完善。

➤ 跨界整合创新，跨界就会有奇迹

跨界整合与创新有两大类型，一是不同行业间的互动、借鉴与合作，二是将不同行业间的营销要素的整合进来，为我所用，改良产品或者其它营销要素的 DNA，使之产生变异，创造出 1+1 >2 的几何倍增效应，从而产生巨大的营销能量。品牌农业落地的跨界整合与创新，创造出三个方面的无边界：资源和要素无边界、模式和业态无边界、功能和作用无边界。

门店必须对所经营的产品做出选择和安排，以满足消费者不断变化的需求、通过商品组合和优化品类以满足消费者需求为核心载体，实现商品竞争力最大化。

（1）根据销售数据分析单个品类销售占比以及同比和环比的销售情况，及综合的市场发展需求等客观因素，将销售排在前端的品类、增长比较高的商品品类进行扩大陈列面的调整。反之，在确保商品结构的基础上适当减少其陈列面积。

（2）根据商圈需求和发展不断开拓高端品种，既可以满足部分高端消费客群的需求也可以对其他中端消费者起到一定引导消费的作用，促进门店客单价的提高。

（3）通过销售数据分析做好滞销品的清退工作，做好货架商品陈列管理，进一步优化商品的组合陈列和货架资源得到最大化的产出比，进而达到货架所摆放的产品就是消费者所喜欢的产品组合，提升销售提高顾客对门店的满意度。

（4）门店根据面积和商圈建立合理的ＳＫＵ品项数：根据顾客需求引进相应的品项以及注重品牌效应。在保证结构性商品的基础上建立合理的品项数，确保门店的商品始终在合理良好的状态下运行。

■ 记住别人的好处，叫感恩；忘记别人的不好，叫宽容。懂得感恩和宽容的人，才会生活得非常快乐。少一些自我，多一些换位，才能心生快乐。所谓心有多大，快乐就有多少；包容越多，得到越多。最美的风景，不在终点，而在路上，最美的人，不在外表，而在心里，让人生所有的遇见，都成为一种美好！

管理：使用『报联商』提升管理效率

职场中的汇报、联络、商讨，也被称为"报联商"，这个概念最早诞生于日本，指的是在职场中"汇报，沟通，请示"的能力。《经理人》月刊的一篇文章介绍了使用"报联商"提升管理效率的3个步骤：

第一，指示行为要具体可行。要想把"报联商"变成提升效率的管理方法，管理者首先要把自己的指示具体化，把抽象的指示变成行为。比如，"好好跟客户沟通"就不是一个具体行为。怎么判断一个指令是不是行为呢？石田淳分享了 MORS 法则，这个法则有四个条件，分别是可测量的（Measured）、可观察的（Observable，任何人看到之后，都知道该怎么做）、可信赖的（Reliable，无论谁看到，都知道指代的是同一个行为）、明确的（Specific，

非常清楚该怎么做）。根据这个法则，"好好跟客户沟通"就可以修改为"最少每周要打电话给客户一次，每个月要到客户公司拜访一次"，这样员工很容易采取行动。

第二，让员工了解项目的整体面貌或公司理念。如果员工知道自己每天的工作，是整个项目不可或缺的一部分时，那么他们对工作的价值、对自己的信心，都会有所提升。管理者可以在项目启动时、公司方向发生转变等重要节点对员工进行说明。

第三，营造出可以报告坏结果的环境。人们会因为自己的行为得到好结果，而去重复同样的行为，如果造成不好的结果，就会减少这类行为，而且为了避免错误再次发生，人们还会减少本来应该要做的行为。管理者听到下属报告的坏结果时，先要说"很高兴你能在第一时间向我报告"，然后再去了解原因或过程，思考对策。

■ 船，停在码头是最安全的，但那不是造船的目的；人，待在家里是最舒服的，但那不是人生的意义。最美好的生活方式，莫过于和一群志同道合的人奔跑在梦想的路上。回头，有一路的故事；低头，有坚定的脚步；抬头，有清晰的远方。人生没有彩排，每一场都是现场直播，把握好每次现在，便是对人生最好的珍惜……回忆曾经的美好，珍惜当下的快乐，笑对明天。

代言人行销已成为当今行销活动与行销策略中重要一环。代言人行销若操作成功，常会使该品牌知名度提升不少，业绩也会上升不少。

（1）代言人行销的目的与功能：短时间内打造出品牌知名度与形象度，长时间培养出品牌忠诚度，希望有助整体业绩提升。

（2）适合代言人的产品类别：似乎没有什么特别限制。包括啤酒产品、化妆品、保养品、预售屋、名牌精品、卫浴设备、家电产品、信用卡、银行业、运动器材、服饰业、资讯电脑、手机、食品、饮料，健康食品、药品、航空，等。

（3）代言人的类型：被邀聘为产品或品牌代言人，其工作类型主要有：歌手、艺人（演员、主持人、明星）、运动明星、专业人士（医生，律师，作家等）、意见领袖、名模、政治人物七种。

■ 幸福没有准确的定义，也不能量化，它来源于心理感受，是一种灵魂的愉悦状态。幸福程度与效用成正比，与欲望成反比，这是经济学家萨缪尔森给出的幸福方程式。幸福就是简单的生活方式加上心灵的海阔天空。选择简单的生活方式就意味着节制欲望，而这恰恰是获取幸福感的前提所在。

传播者：新农人不断增加，并成为社交媒体场的主流。

传播内容：由单一说一个产品到展现一个过程，表述一段故事，倡导一个健康生活方式转变。

传播形式：短视频、直播的表现更直观、更有趣、更受消费者青睐。

通过品牌服务模式输出和优质产品引进，拓展品牌产业链，延伸品牌服务。

活动传播让品牌动起来

策划主题活动，阐释内涵，让品牌生动起来。

深挖植入活动，展示形象，让品牌流动起来（商标植入、实物植入、卡通植入、赠品植入、功能植入）。

创新媒介活动，打造矩阵，让品牌轰动起来。

■ 她迷路了，给三个人发了微信，第一位说，注意安全！第二位说，需要我来接你回去吗？她顿时感觉温暖多了。可迟迟不见第三位回复，就在失望时，收到微信是第三位的，只有短短几个字：转身，我就在你身后！珍惜身边不玩嘴的人，因为说的完美不如做的实在。人生，无论爱情或友情，都需要一个做而不是只会说的人，珍惜身边为你说到做到的人，而不是给你画饼充饥的人！

■ 自己的身体是最应该保养的"车"，因为身体中的所有零配件都很昂贵，而且还很难找到配件！ 太阳出来晒晒背，新鲜空气洗洗肺，五谷杂粮养养胃，山岭走走别太累，常和朋友聚聚会，喝点小酒别喝醉，少熬夜来早点睡，身体健康第一位。

农作物品牌开发对策

选择一个特色品种；挖掘一个闪光亮点；建好一个专业合作社；做好一个优质认证；打出一个响亮品牌；制订一个开发策略。

➢ 定位：好吃是本质

首先要专注于口味。以健康的理念培养稳定的优质货源。如水果产业，至少遵循三个健康：果树的健康、果实的健康、果农收入的健康，以保障全产业链的健康可持续发展。

➢ 理念

不怕慢，求长远，不是做一时，而是做一世。

➢ 品牌传播方式

做好品质，靠回头客，靠口碑传播，靠积累。

民以食为天，食以安为先。区域公用品牌传播，首先要解决产品"信任"问题。

政府参与区域公用品牌传播，也要预防风险。区域公用品牌授权标准要明确，难在监管执行。

公用品牌传播，需要良好产品质量"真相"支撑。

提质增效，才能让区域公用品牌长久发展。区域公用品牌要长久发展，必须要帮助企业提升产品质量管理能力，提质增效。

新时代，要重视"溯质"教育。全程追溯，从田间到餐桌安全保障，田间 24 小时视频追溯，让你随时看到自己的田地。"溯质"教育，已成为传播新时尚。

➢ 区域公用品牌从粗放式管理迈向体系化管理

建立产业管理部门；设立市场准入门槛；推进标准化建设；标识统一管理建立总量控制；建立第三方全流程可追溯体系；引入第三方品控助力标准化执行与提升；引入第三方食品安全保险。

选择适合的农业区域品牌战略

➢ 母子品牌互动发展模式

区域公用品牌、子品牌。

➢ 区域公用品牌的三种创建模式

单产业突破、全产业整合、全资源整合。

➢ 以整体品牌带动企业品牌

让企业品牌借势整体品牌。

➤ 品牌传播需解决的问题

多地域品牌，少全国品牌；多公共品牌，少市场强势品牌。

■ 用简单的心看世界，世界是澄澈的、明朗而美好；用简单的心去生活，生活是的诗意的；用简单的心，看待人生，人生是向上的。简单的人，不悲不喜，在清浅的岁月中，拥有一段平凡的人生，将旅途中的经历，安放在心中，用清淡的笔墨抒写自己的流年，看着走远的繁花似锦，不言执着，坐拥一季纯白，在岁月的素笺上轻轻描摹，微笑着收藏，简单且快乐着。

农业"三品一标"的健康持续发展，既离不开政策的支持和引导，更需要发挥市场机制的决定性作用。农产品认证标志和品牌之间存在互补关系，推动现代农业发展，必须实施品牌化战略，健全农产品质量安全可追溯体系，增加绿色优质农产品供给。

无公害农产品、绿色食品、有机农产品和农产品地理标志统称"三品一标"。"三品一标"是政府主导的安全优质农产品公共品牌，是当前和今后一个时期农产品生产消费的主导产品。纵观"三品一标"发展历程，虽有其各自

产生的背景和发展基础，但都是农业发展进入新阶段的战略选择，是传统农业向现代农业转变的重要标志。

无公害农产品：是指产地环境和产品质量均符合国家普通加工食品相关卫生质量标准要求，经政府相关部门认证合格、并允许使用无公害标志的食品。

绿色食品：是指无污染、优质、营养食品，经国家绿色食品发展中心认可，许可使用绿色食品商标的产品。由于与环境保护有关的事物和我国通常都冠以"绿色"，为了更加突出这类食品出自良好的生态环境，因此称为绿色食品。

有机农产品：是指根据有机农业原则，生产过程绝对禁止使用人工合成的农药、化肥、色素等化学物质和采用对环境无害的方式生产、销售过程受专业认证机构全程监控，通过独立认证机构认证并颁发证书，销售总量受控制的一类真正纯天然、高品味、高质量的食品。

农产品地理标志是指标示农产品来源于特定地域，产品品质和相关特征主要取决于自然生态环境和历史人文因素，并以地域名称冠名的特有农产品标志。目前我国分别有农产品地理标志产品、地理标志证明商标、地理标志保护产品。另外还有生态原产地保护产品。分别由不同的主管部门对地理标志进行注册、登记和管理。

农产品地理标志产品是农产品的独特品牌基因。

■随着年龄的增长，往往会钝化对外界的感受，需重新唤起对美的理解。灵气，其实就来源于对美的感悟力，是涌出来而不是挤出来的。对美能感受到什么层次，对世界的理解就达到什么层次。旅行，就是为了遇见最美的风景，让自己行走在画中，畅游在风景中，惊叹于这个世界的美，锤炼着自己对美的感受力与敏感度，坦然地面对生活中暂时不完美与丑陋。

农业品牌建设3个关键点

品牌建设涉及很多内容，现在最突出的可能还是三个方面：第一，产品好；第二，规模大；第三，管理严。

➤ 产品好是基础

没有好产品绝对不会有好品牌，这已经是常识了。好产品作为一个品牌来说，除了品质好、安全之外，可能把营养以及服务要加上去。还有文化生态的也在里面，对于一个品牌来说。这是一个基础，怎么样把产品做好呢？主要是我们每一个企业的事情，一定要把产品做好，品种要好，生产环境要好，还有其他的一些技术问题等。

➤ 规模大非常重要

要做到好的品牌，规模小是做不到的，所以做到规模

■ 风景再美，要有赏风景的心；情意再真，要用心去体会。生命在于内心的丰盛，而不在于外在的拥有。"只有适合自己的，才是最好的。""路遥知马力，日久见人心。"你做得好与不好，时间会证明。只有真心换真情，才会彼此相融。

大品牌才能叫得响。有两个方面做大，一是企业做大；二是区域做大。一个企业，尤其是对于农产品来说，区域品牌非常重要，因为农产品跟工业产品不同，所以对农产品来说，农业区域的品牌对做大非常重要。

➢ 管理要严

一是企业内部管理要严；二是市场和服务体系要严；三是政府监管要严格到位。

优质农产品想要打造自己的品牌，至少要做好六件事情。

（1）信息。市场供求的信息，市场需求变化的信息，以及他们在市场上营销的情况，同时还要了解这个农产品内在的科技从品种的培育到技术的更新有什么新的变化。

（2）技术。科技含量高不仅仅表现在品种的培育和栽培养殖技术的更新和创新，其实还有一系列很重要的内容。在品牌建设的过程当中，要因地制宜，强扭的瓜不甜，不能看着人家卖得好，自己就盲目地去模仿，去照搬，一定要根据自己的农业资源特色，根据当地的社会文化状况去培育和发展品牌。

（3）监管。很重要的是质量安全监管。在质量安全的监控过程当中，不仅仅是关于投入的安全、怎么样科学地施肥用药，很重要的还有农产品能不能在这个地方生产出来，这关系到自身生产环境当中的土壤、水、空气等，这些都应当将其纳入里面，才能够培育出好的农产品，才能够持续地不断发展下去。

（4）加工。中国的农产品加工业的发展进程非常快，但是跟世界先进国家相比，还有比较大的差距。把农产品的加工做好，延长产业链。增加价值链让人们消费到质量更高的农产品，这是加工业非常重要的要考虑到的东西。

（5）储运。如果大范围内储运，需要解决一系列的技术、设备以及理念。

（6）营销。最后能不能实现价值在营销环节，营销有它自己的特点，能否做好农产品的营销，不仅是销售商要做的事情，涉及系列环节，所以非常重要。

■ 当你老盯着一个人短处的时候，自己就该反思了，不是别人有缺陷，而是自己有缺陷。眼睛只是一台相机，真正的控制者是内在的心，你有什么样的心就看到什么样的世界，你总是看到别人的缺陷，说明你的心有缺陷。

农业品牌联盟

　　品牌联盟能够充分发挥自身的独特作用，建立分工协作的农业品牌工作新格局，创建开放协同的农业品牌组织新机制，形成各领域全覆盖的农业品牌创新新体系，为我国农业品牌向中高端迈进贡献力量。

　　（1）充分发挥联盟的纽带作用，着力探索合作机制。要推动联盟高效运转，不断密切各方联系，整合各类创新资源，努力把全社会的积极性调动起来、力量整

合起来、潜能发挥出来，为农业品牌创新提供良好的环境和优质的服务。坚持市场为导向，企业为主体，按照平等自愿、优势互补、协商一致的原则，鼓励和支持探索品牌农产品产销联合体，推动各方力量由个体自发合作向有组织合作转变，由单项合作、短期合作向长期战略合作转变，助推做大做强农业品牌。

（2）充分发挥联盟的平台作用，着力提升创新水平。要紧紧围绕联盟宗旨，把握农业品牌发展规律和需求，积极开展社会化服务，加强农业品牌基础研究，持续推动技术、产品、商业模式创新，努力形成一批新理论成果，打造一批创新型企业，推出一批具有竞争力的新品牌，不断提高我国农业品牌数量和质量，提升创新能力和水平，为推动品牌强农提供持续动力。

（3）注重打造联盟自身这个品牌，着力扩大联盟影响。联盟自身也要打造品牌、擦亮品牌，成为农业品牌的金字招牌。这就需要联盟增强活跃度，拓展参与度，提高受益度，增大贡献度，通过高质量的活动和服务来引导、组织、服务成员，不断扩大影响，吸引更多有志向有意愿的组织参与，动员更多的社会力量支持。

品牌凝聚共识，品牌引领希望。让我们携起手来，大力实施品牌强农战略，弘扬企业家精神，大胆探索、务实创新，为实现"推动中国制造向中国创造转变、中国速度向中国质量转变、中国产品向中国品牌转变"贡献我们的智慧和力量。

■希腊诗人希摩尼德曾说：诗为有声之画，画为无声之诗。身在花中走，心在诗中行，人在画中游。游离于现实与梦想之间，远离尘嚣又不绝于世。我喜欢这种感觉。中国的文化和中国的山水从来就是一个统一体。没有青山绿水不行，没有骚人墨客也不行，这就是美丽中国。

品牌命名

■ 良好的心态是支撑生命的主体，能够瓦解一个人的不是风尘的种种侵扰，而是难以持平的内心。岁月多风云变换，红尘有烟雨重叠，彩虹的背后必定是下一个风和日丽。花开花落岁月长，心若明媚岁月香；酸甜苦辣算什么，喜怒哀乐都是歌。

一个好的名字，是一个企业、一种产品拥有的一笔永久性的精神财富。一个企业，只要其名称、商标一经登记注册，就拥有了对该名称的独家使用权。一个好名字能时时唤起人们美好的联想，使其拥有者得到鞭策和鼓励。

名字，就像钩子，把品牌挂在潜在顾客心智中的产品阶梯上。在定位时代，你能做的唯一重要的营销决策就是给产品起什么名字。

给一个品牌起一个通用名称，是招致失败的最快途径之一。一个通用性的品牌名称，注定会失败，因为它很难与竞争对手区别开来。

品牌就是品牌，公司就是公司，两者并不一样。品牌名称始终优先于公司名称，消费者购买的是品牌，而不是公司。

品牌名称的力量在于心智中对品牌名称意义的理解，对绝大多数品牌来讲，一个符号对于在心智中建立意义是起不了决定性作用的。

品牌命名原则：抽象、联想、视觉化、发音、独创性、域名、配合。并考虑合法、文化、易记忆、易传播、正面联想、产品属性、发展管线等。

当然，品牌成功与否和它的命名没有直接关系。但别忘了，后续的一切名誉和无形资产都是注入这个品牌命名之中的，而这些资产不太容易从这品牌命名里抽取出来。这样看来，在品牌命名时多花点心思也不为过。

品牌命名是品牌成功的基础内涵中多种元素的其中之一，也是首要之一，因为其具有日后抢占消费者心目中重要位置的关键因素。

品牌命名的原则，包括：

1. 发音简单易记

2. 很熟悉且具有意义

3. 与众不同、独特及很特别

4. 具有想象力

5. 可信度

6. 长久性

7. 易识别

8. 保护性

■ 同样的一种场景，对别人而言可能只是一种标签化的对象，但在你丰富的感受体系下，这种场景显现出它本来具有的鲜活与丰满。这就是不同个体间生活质量差距的来源。一个人一旦拥有了丰富的感受，我们就能够从一个看似乏味的环境中看到一个丰富多彩、散发着活力的世界。

（1）根据产地来命名。一方水土养一方人，许多农产品受水土的影响，其质量、味道、口感差别较大，因而农产品流行的地域性比较强。用产地来命名，有助于了解这些地方的人对产品产生亲近感和信任感。

（2）以动物、花卉名称命名。用形象美好的动物、花卉名称命名，可以引起人们对商品的注意与好感，并追求某种象征意义。

（3）根据人名命名。这种名称或以人的信誉吸引消费者，或以历史、传说人物形象引起人们对商品的想象。

（4）以企业名称命名。这种以企业名称命名的品牌，突出了商品生产者的字号和信誉，能加深消费者对企业的认识，有助于突出品牌形象，以最少的广告投入获得最佳的传播效果。

（5）根据商品制作工艺和商品主要成份命名，以引起消费者对其质量产生信赖感。

（6）以具有感情色彩的吉祥词或褒义词命名，以引起人们对商品的好感。

（7）以现代科技为由头来命名。用这种方法命名具有时代感，使人有现代、时髦等感受。

一个品牌的本质是某个可以在消费者心中占据的特征，而打造副品牌往往是个背道而驰的概念，一招不慎，它会使核心品牌毁于一旦。

家族品牌方法的关键是确保每个"兄弟"都有自己的特点，成为一个独立的品牌，不要试图给这些品牌一个家族的外观和身份，要是他们尽可能不同，并相互区隔。

当为公司稳定的品牌选择兄弟品牌战略时，公司的管理层应谨记以下原则。

（1）关注普通产品领域。

（2）选择一个单一的特征来细分市场。

（3）要在品牌之间建立严格的区分。

（4）创建不同的而非相似的品牌名。

（5）只有当你可以创建一个新品类时，才可以推出一个新的兄弟品牌。

（6）对兄弟品牌家族保持最高水平的控制。

兄弟品牌家族并不是一种适用每家公司的战略，但是在它适用的地方，他可以用来长期主导一个品类。

"人要衣装，佛要金装"，商品要包装。重视包装设计是企业市场营销活动适应竞争需要的理性选择。一般说来，包装设计还应遵循以下几个基本原则。

（1）安全。安全是产品包装最核心的作用之一，也是最基本的设计原则之一。在包装活动过程中，包装材料的选择及包装物的制作必须适合产品的物理、化学、生物性能，以保证产品不损坏、不变质、不变形、不渗漏等。

（2）便于运输、保管、陈列、携带和使用。在保证产品安全的前提下，应尽可能缩小包装体积，以利于节省包装材料和运输、储存费用。销售包装的造型要注意货架陈列的要求。此外，包装的大小、轻重要适当，便于携带和使用。

（3）美观大方，突出特色。包装具有促销作用，主要是因为销售包装具有美感、创意。富有个性、新颖别致的包装更易满足消费者的某种心理要求。

（4）包装与商品价值和质量水平相匹配。包装作为商品的包扎物，尽管有促销作用，但也不可能成为商品价值的主要部分。因此，包装应有一个定位。一般说来，包装应与所包装的商品的价值和质量水平相匹配。

（5）尊重消费者的宗教信仰和风俗习惯。由于社会文化环境直接影响着消费者对包装的认可程度，所以，为使包装收到促销效果，在包装设计中，应该深入了解消费者特性，区别不同国家或地区的宗教信仰和风俗习惯设计不同的包装，以适应目标市场的要求。切忌出现有损消费者宗教情感、容易引起消费者忌讳的颜色、图案和文字。

（6）符合法律规定，兼顾社会利益。包装设计作为企业市场营销活动的重要环节，在实践中必须严格依法行事。例如，应按法律规定在包装上注明企业名称及地址；对食品、化妆品等与人民身体健康密切相关的产品，应表

■ 欣赏是一件复杂的事情，要真学会，还要做一个鉴赏家、收藏家、批评家。从笔墨来说，要看来历，要有前人的部分，还要有陌生感，即新的东西，是前无古人的。最后还要看内涵，符合不符合文化的等级。偏离了传统文化的品格，就是技术再好，也是没有意义的。传统的审美，一是正向的审美。美到极致的时候，就会发现"反美学"。有正统的美学，就有非正统的美学。有庙堂的美学，就要有山林美学去补充。

明生产日期和保质期等。

（7）绿色环保。包装设计还应兼顾社会利益，坚决避免用有害材料做包装，注意尽量减少包装材料的浪费，节约社会资源，严格控制废弃包装物对环境的污染，实施绿色包装战略。

此外，包装还要与产品价格、渠道、广告促销等其他营销要素相配合，并满足不同运输商、不同分销商的特殊要求。

农产品包装的策略

1. 类似包装策略

是指企业生产经营的所有产品，在包装外形上都采取相同或相近的图案、色彩等共同的特征，使消费者通过类似的包装联想起这些商品是同一企业的产品，具有同样的质量水平。类似包装策略不仅可以节省包装设计成本，树立企业整体形象，扩大企业影响，而且还可以充分利用企业已拥有的良好声誉，有助于消除消费者对新产品的不信任感，进而有利于带动新产品销售。它适用于质量水平相近的产品，但由于类似包装策略容易对优质产品产生不良影响，所以，对于大多数不同种类、不同档次的产品一般不宜采用这种包装策略。

2. 等级包装策略

是指企业对自己生产经营的不同质量等级的产品分别设计和使用不同的包装。显然，这种依产品等级来配比设计包

■ 执中者平而且稳。中，就是既藏拙，也藏锋；既有用，也没用。为人处世要处在"材"与"不材"，"有用"与"无用"之间。如果太有用，可能被人嫉妒陷害，也可能不停被人使唤奔波，这时就需要藏拙；如果太无用，可能会被人认为你没存在的必要，特别的情境下可能被放弃，这时就需要露锋。

装的策略可使包装质量与产品品质等级相匹配，对高档产品采用精致包装，对低档产品采用简略包装，其做法适应不同需求层次消费者的购买心理，便于消费者识别、选购商品，从而有利于全面扩大销售。当然，该策略的实施成本高于类似包装策略也是显而易见的。

3. 分类包装策略

是指根据消费者购买目的的不同，对同一种产品采用不同的包装。如，购买商品用作礼品赠送亲友，则可精致包装；若购买者自己使用，则简单包装。此种包装策略的优缺点与等级包装策略相同。

4. 配套包装策略

是指企业将几种有关联性的产品组合在同一包装物内的做法。这种策略能够节约交易时间，便于消费者购买、携带与使用，有利于扩大产品销售，还能够在将新旧产品组合在一起时，使新产品顺利进入市场。但在实践中，还须注意市场需求的具体特点、消费者的购买能力和产品本身的关联程度大小，切忌任意配套搭配。

5. 再使用包装策略

是指包装物在被包装的产品消费完毕后还能移做他用的做法。我们常见的果汁、食用油等的包装即属此种。由于这种包装策略增加了包装的用途，可以刺激消费者的购买欲望，有利于扩大产品销售，同时也可使带有商品商标的包装物在再使用过程中起到延伸宣传的作用。

6. 附赠品包装策略

是指在包装物内附有赠品以诱发消费者重复购买的做法。在包装物中的附赠品可以是小挂件、图片等实物，也可以是奖券。该包装策略对儿童和青少年以及低收入者比较有效，可吸引顾客的重复购买。这也是一种有效的营业推广方式。

7. 更新包装策略

是指企业包装策略随着市场需求的变化，改变和放弃原来的包装，"新瓶装旧酒"。这是一种包装策略无效，依消费者的要求更换包装，实施新的包装策略，可以改变商品在消费者心目中的地位，令人感觉产品有所改进，也可令人感觉企业具有一定的创新能力。

人对故事的记忆更为深刻。同样一款产品，单调的产品功能介绍远没有绘声绘色的产品案例故事让人印象更深。有些人意识到了故事的重要性，但只是依葫芦画瓢、本末倒置，先出来产品，再附会出一段并无太多特色的故事，不能打动人。好的产品一定是带着某种故事属性问世的。

➤ 功能依附＋情感依附＝获得长期用户

怎么获得长期用户？过去，消费者买枣子、杏仁等土特产，从商贩或商店里买了就买了，除了"等价交换"的商业行为，没有任何的连接点，更别提温情。将产品故事化，可以让产品生产者和购买者形成一个有着共同价值观、有温情的社区。他们不再仅仅是"买卖关系"，而是一种情感上的互助、共鸣关系。为什么要"产品故事化"？就是要形成这样一个温情的社区，获得有着强黏性的长期用户。

> 上溯寻找渊源，融入具体数字

人们更愿意相信有"年头"的手艺和产品，跟我们找医生要找老中医的心理是一样的，觉得更放心。历史感能加重大众对产品的信任感。如做凉茶，他们会说：凉茶发明于清道光年间，至今已有多少年。再如阿芙精油的故事与古希腊神话联系到一起，让一款精油产品充满神秘感。

> 场景赋予产品以意义

同样的东西，在不同的场景里，代表的意义是不同的。比如咖啡，在不同的场景中就可能意味不同诉求，因而同样是咖啡，只要场景不同，就可以衍生出很多不同的解决方案，这些产品已远远超出咖啡本身。在这样的情况下，咖啡仅仅成为一种诉求载体。而人们消费的，是不同场景下的体验。

■ 做事有三个层次：工作、事业、使命。找到你在这个世界的使命。正如曾任耶鲁大学校长的理查德·莱文所说："大学有义务帮助社会，让这个社会像大学一样，成为一个每个人都有机会充分实现自己潜力的地方"。教育不教知识和技能，却能让人胜任任何学科和职业。教育不改变生活环境，却能改变人的思维方式。教育能让你活得幸福，而幸福取决于有意识的思维方式。其核心是——自由的精神、公民的责任、远大的。

讲故事的『坏人、受害者、英雄』模型

斯通传播公司总裁格雷格·斯通提出，我们可以用讲故事的方式来做汇报和推介，而且重点可以放在"坏人、受害者、英雄"三大角色组成的模型上。

在商业情境里，"坏人"常常不是个人，而是那些感受到恶意的行为，或者是无法完成交易、又或是交易内容让人不满意，比如产品有瑕疵，咖啡太冷，等等。而"受害者"则是顾客，或者是你要帮助解决问题的那个人。只要能解决问题，就能让你的公司或团队变成"英雄"。

举个例子来说，在软件领域，"坏人"可能是程序太慢或不稳定，"受害者"则是心情不好的使用者，"英

■ 是非天天有，不看不听自然无。无念并非心中没有念头，而是有念头而不住。心中无事，并非否定外在的事物，而是我们心中不存事。眼不留色，自然没有色扰；耳不留声，自然不会被声音干扰；心不留事，自然不会被事情干扰。外面的声色事物仍然存在，但它动它的，你的心不与它对接就行了。

雄"就是能够正常有效运作的新科技或是更新。

在讲故事的时候，要清楚刻画出顾客遇到的困难，同时展现充分的同理心，不能只从讲述者自己的视角来讲这个故事，像"我们很高兴宣布，我们新推出的有机肥料是市场上最安全的"就不如"家长一定会很高兴知道，现在孩子们可以在后院草坪上玩耍，不再担心影响健康。"

故事产品化

简言之，就是铸造故事时，有做产品的思维。

➢ 明确故事给谁看

即使你是写给普罗大众看的，也要想想普罗大众的"大众口味"是什么。比如：川菜的大众口味就是麻＋辣，你只有辣，没有麻，就不是川菜的"大众口味"。同样，如果这个故事是以"感人"为主旋律，但没有任何泪点，就是失败的。

心里装着用户，最根本的目的是：产生共鸣。有共鸣才有认同。让人们在产品的故事里看到他们"自己"。看到了"自己"的什么？可以是相似的经历，或一种情愫、一种情怀，或是一股急需的正能量。

➢ "故事"有利益点

将产品特征转化为顾客利益。比如某农产品的故事传达了两个和顾客切身相关的"利益点"。

（1）这些农产品是天然可靠，营养价值高。

（2）购买这些农产品能帮助偏远地区的农民们，比如让他们有钱供子女读书。

如果用户读了产品故事，没有任何"利己性"，那绝对是个失败的故事。

➤ 写自己的故事

看到市面上成功的产品故事就跟风，写一个类似题材的卖点，常常容易起到"东施效颦"的反作用。山寨产品，只能做小妾，无法成正室。就如做产品首先要真诚。真诚是熬制原汁原味故事的灵丹。

➤ 简洁

故事要在"有可读性"的原则下做到简洁至极。"产品故事化"，不是写小说、写散文，直抒胸臆，长篇大论。在碎片化阅读时代，基本上没人愿意花太长时间读产品的故事，所以要在最短时间里传递最有价值的信息。

分享便捷

做好了以上 4 点，就具备分享的基础了。可以添加一些便于粉丝们分享的工具，如设定些微信等分享按钮，便于无忧化操作。

■ [换道超车] 弯道超车成功的概率太低，第一违反交通规则，第二，十超九翻，第三你已经落后了，人家高手怎么让你超过，这是想象。前面平道都落后了，你弯道还能超车？这个概率太低，你就别歪歪乱想。我们应该在不同的道上进行竞争。换道超车，在另外一个道上，在另外的思考角度上，抓住下一波。

■ 人际关系有两种，一种能令你不断成长，另一种令你不断消耗。前者是滋养型人际关系，后者是消耗型人际关系。记住：只有前者，才是你应该投注时间的地方。

乡村旅游（景区村）品牌打造

乡村品牌，品牌乡村。让乡村旅游成为玩出来的事业。

用形象点燃乡村，形成乡村主画面。一定要用形象带动人。换句话说用形象乡村不见得能成功，但是没有形象一定成功不了。你的乡村能不能成功，取决于你能不能推出一张主画面，这是极为重要的。

乡村要发展起来一定要有旅游，而旅游一定要有形象，形象就是生产力，从这个角度看，农田种得漂亮比种得产量高更重要。乡村旅游应从市场需求出发，乡村就要有乡村的样子，就该土、野、俗、古、洋"五味杂陈"。文化主题营销，重要的是能否有所创新，基于生活美学和幸福经营学，通过文化创意手段为产品制造卖点，用文化创造力活化乡村产业。

➢ 保持乡村性——乡村旅游的本质特征

➢ 注重创意性——乡村旅游的核心要素

➢ 尊重本土性——乡村旅游的内在要求

➢ 推动景村一体化——乡村旅游的最佳选择

➢ 倡导低碳化——乡村旅游的时代要求

■ [何谓逍遥人]我们的心胸要打开到像宇宙一样宽广，像大海一样深邃，像虚空一样包容，这时你将发现，没有什么不能接受，没有什么可以妨碍你，更没有一个人可以打击你。放下不等于放弃，顺其自然也不是无所作为。你的心超然于万物之上，可以活得如此洒脱，如许欢快。这才是真正的逍遥人。

土味：保留一份纯真

人都有猎奇心理，看惯了阳春白雪，有时偏偏就喜欢一些土得掉渣的东西，这种"土"首先是指原真的、古拙的、独特的民居、桥梁、古道，等等，这是乡村旅游的核心和古老淳朴文化的载体。

越是民族的，越是世界的。这句话带有普适性，国外也是如此，加拿大的农庄民宿、土耳其的洞穴酒店等，极好地保存了固有区域的整体风貌，对中国的乡村旅游开发亦然。这种"土"和"真"与城市司空见惯的现代化建筑形成了迥然不同的景观，这种差异化无疑是最大的竞争力。

乡村建设要避免：建大亭子、大牌坊、大公园、大广场等"形象工程"，偏离村庄整治重点；或者照搬城市模式，脱离乡村实际；有的甚至存在破坏乡村风貌和自然生态；农村生活污水垃圾未有效处理，乡土特色不明显等问题。

■ 不是吃亏这件事是福，而是有甘愿吃亏的心量，才能积累福德。自己在意、计较，就会感觉"吃亏"；若不那么精明，宽厚一点、少算计一点，心里没有"吃亏"的想法，反而憨憨地积下许多福德。

野味：守护一方乡野

■ 有事之时，手忙心勿乱，不要失了一份"闲静"之心；无事之时，不要贪溺清闲，可以去找其他有益的事来做。无论什么环境，内心都要有方向。这才能"定"，不随外境而转。

陶渊明《归园田居》表达的就是一种乡野风味，这种味道愈是久远，越是绵长，越是令人怀想，以致于城里人有了挥之不去的离愁别绪，乡村旅游由此而来。

记忆中的故园往往是铭刻于心、令人难忘的，乡村之所以为乡村，就在于一个"野"字，或山野茂林，或沃野阡陌。"野"即自然，越是自然的，越是美丽的。旅游追求回归自然，旅游规划的最高境界就是不留规划痕迹，道法自然。自然的东西才能使都市人体味到"久在樊笼里，复得返自然"的惬意，这种田园风光是发展乡村旅游的重要资源，是城里人回归自然的心结，因而是乡村旅游的独特卖点。

乡村旅游规划应当订制化，而非标准化、规范化和模式化。这种订制就是要遵循"道法自然"原则，追求人与自然的和谐，切忌随意改造乡野景观，刻意营造劳动场景。

俗味：演绎一种风情

　　辛弃疾的《清平乐·村居》描绘了一幅纯朴的乡村风俗图！千百年来的农耕文化积淀形成的生产方式、生活习俗、民族风情和传统节庆构成了乡村独有的文化特性，其中有历史、有故事、有情趣、有风俗。这种俗味对于我们现代人弥足珍贵，也是城里人所梦寐以求的。

　　大俗即大雅。"俗"之旅游卖点正在于入乡随俗，参与和体验这类乡村民俗活动，原汁原味的农趣，由俗不可耐而随俗雅化，使大人重温童年味道，也让孩子体验到了真正的农趣。

　　乡间"俗"物数不胜数，无处不在，非物质文化中除了民俗节庆，当然还包括各种民间社会礼仪、传统工艺、风味小吃等，这些不仅是一种宝贵的旅游资源，还是一个地区、一个民族独特的精神财富，必须注重保护与传承。

　　乡村旅游要把这些"俗物"转化为旅游资源、发展资本和竞争优势，必须力避把乡民整体搬迁，形成空村空镇，因为离开了原住民的乡村，就没有了乡村的所谓"俗味"和风情，没有人情味的乡村还值得眷恋吗？又怎能勾起寻根人的乡愁？

由于受地形气候、历史文化、社会经济等诸多因素的影响，我国乡村古迹可谓千姿百态，风格迥异，有些构建独特，布局精巧，文化沉淀极为丰富，堪称中国建筑之瑰宝，具有较大的旅游开发价值。

乡村旅游扎根于古老的村庄，古建尤为珍贵，即便是残砖断瓦，也有着自己独特的故事。鉴于此，要梳理当地文脉，传留当地文韵，存留当地古味。要在保护中开发，在开发中保护，力求修旧如旧，避免大拆大建。只有这样，才能在规划中充分挖掘历史文化资源，为乡村保留古风文韵，增添古朴沧桑之感。

对于古村保护，务必保持外貌上的古风、古朴、古香、古色，这包括古井、石碾、石磨、寺庙、祠堂、街巷等建筑设施的外立面，至于内部装修和陈设，为满足便捷化、舒适化生活需要，可以稍加改造，但要特别注重景观的整体性和统一性，对整体风格要保持一致，环境不能出现违和感，文化不能出现错乱感。

■ 人生如行路，一路艰辛，一路风景。你的目光所及，就是你的人生境界。总是看到比自己优秀的人，说明你正在走上坡路；总是看到不如自己的人，说明你正在走下坡路。与其埋怨，不如思变！

法国的乡村旅游有着悠久的历史和丰富的经验，每年都吸引城市居民到此举办生日、婚礼、家庭聚会等活动，以致于世界各地的游客趋之若鹜。

在普罗旺斯的葡萄酒庄不仅可以采摘水果，还能参观葡萄酒制作的全过程，既大大促进了葡萄酒的销售，又使一、二产业与旅游业有机结合，延长了产业链，扩大了经济收益。

目前我国兴起的休闲农业、农庄，通过适当地对乡村旅游资源进行调整，引入时尚化、现代化、观赏化元素，不仅改善了当地农民的生活质量，也提升了外来游客的舒适度，甚至给游客创造惊喜。当然，添加现代元素，要注意适度，过犹不及。有的新建景观过于时尚化、现代化，与原有生态系统极不协调，甚至有点画蛇添足，结果只会弄巧成拙。

极简主义设计的精髓，即注重简约，抓住要害，尊重自然，顺乎自然。

■ 我们面对的是一个越来越复杂和动荡的世界；没有一种商业模式是长存的；没有一种竞争力是永恒的；没有一种资产是稳固的。人生最大的悲伤，莫过于将一辈子的聪明都耗费在战术上。当你抬头一看，你精益求精的事情，它们所在的职业或行业已经衰落，或前进的战略大方向错了。

新时代乡村旅游何处去

乡村旅游，是中国旅游发展新热点，是最具潜力与活力的旅游板块之一。当前，乡村旅游发展的总趋势是：乡村旅游已超越农家乐形式，向观光、休闲、度假复合型转变；个性化休闲时代到来，乡村旅游产品进入创意化、精致化发展新阶段。

乡村旅游出现了以下特点。

1. 乡村旅游的全域化、特色化、精品化

许多地方往往共同规划、协调发展，以全村、全镇、全县范围来做乡村旅游。在推动乡村旅游的过程中，为避免同质化竞争、取得差异化优势，各个村镇实行诸如"一村一品""一户一业态"的差异化发展策略，深挖潜力，精心设计，打造精品，使乡村旅游呈现出特色化、精品化的特点。

■ 当你明白无常，你就不会张扬。世间没有
任何东西可以永恒存在，一切都是因缘而
来，缘灭而尽。

2.新产品、新业态、新模式层出不穷

现在乡村旅游很快，走在前列的有诸如江苏省、山东省、浙江省和四川成都等地。

3.从乡村旅游到乡村生活的新理念

一部分游客到乡村已不再是单纯的旅游，而是被乡村的环境所吸引，在当地较长时间地生活和居住。部分退休的年长人士，不愿意长期住在城市，一年中往往有数月栖居于乡间。以更好地亲近自然和享受有机生态食品。从乡村旅游发展到乡村生活，国外典型的国家之一是日本，其退休人士和一些在城市工作的人士，他们一年中有较长一段时间居住在乡村。

从乡村旅游到乡村生活，这是一大发展新趋势。因此我们有必要更新我们对乡村及乡村旅游的认识：第一，重新认识乡村，全面认识乡村在生态上、文化上、生活方式上的特色和优势；第二，要振兴乡村。

乡村项目5大开发原则

特色鲜明：保持地域、产业、生态、风貌特色

文脉鲜活：保持乡土文化的原生性、鲜活性

三产融合：统筹区域产业规划，保障发展动力

宜居宜游：留住生产力，扩大消费吸引力

活力构筑：聚集人气，防止空村鬼城出现

■ 跟《金刚经》学心态，跟《易经》学生存，跟《道德经》学生活。《金刚经》一开始，就提出了一个人生的大问题："云何降伏其心？"也就是滚滚红尘中的芸芸众生，如何才能降服心中乱七八糟的想法？要想趋吉避凶，需要抵达《易经》中做人的最高境界——无咎。包罗万象的《道德经》，则可以为我们提供最好的智慧启迪，在生活态度上为我们提供最好的指引。"飘风不终朝，骤雨不终日。"坦然，面对逆境。

乡村旅游的9大新业态

■ 木桶理论是说一只木桶能盛多少水，并不取决于最长的那块木板，而是取决于最短的那块木板。而新木桶理论则将之进一步衍生，把木桶放置在一个斜面上，木桶倾斜的方向的木板越长，则木桶内装的水越多。我们比别人短的板子，可能不会很快的在平面上弥补。我们就要利用我们的长处，创造一个属于自己的斜面，尽可能发挥我们现在拥有的条件。先比别人多蓄水，蓄水之后，在过程中改善我们的短板。

1.国家农业公园

是乡村旅游的高端形态，是中国乡村休闲和农业观光的升级版。它可以是一个县、市或者多个园区相结合的区域，也可以是单独的一个大型园区，应该具备农业资源代表性突出的特点，通常须要包括传统农耕文化展示区、现代农业生产区、民风民俗体验区三大基本组成区域。它是集农业生产、农业旅游、农产品消费为一体，以解决三农问题为目标的现代新型农业旅游区。

2.休闲农场 / 休闲牧场

是指依托生态田园般的自然乡村环境，有一定的边界范围，以当地特色大农业资源为基础，向城市居民提供安全健康的农产品和满足都市人群对品质乡村生活方式的参与体验式消费需求，集生态农业、乡村旅游、养生度假、休闲体验、科普教育等功能为一体，实现经济价值、社会价值和生态价值的现代农业创新经营体制和新型农业旅游产业综合体。

3.乡村营地 / 运动公园 / 乡村公园

当前正与国际积极接轨，迎接需求旺盛的自驾游客群。野营地旅游是国际非常流行的一种旅行方式。运动旅游发展势头很好。

4. 乡村庄园 / 酒店 / 会所

是以养生度假生活为突出特点的高端旅游业态，未来度假庄园可以成为引领乡村旅游升级发展的重要产品。乡村庄园将是代表中国农村今后发展的重要方向。庄园人生，是都市居民的追求。

5. 乡村博物馆 / 艺术村

选定古民居、古村落、古街巷，进行保留、保护和维修利用，建成综合性、活态化的乡村博物馆。乡村博物馆应做好保护和活化乡村历史文化，包括风情文化、建筑园林文化、姓氏文化、名人文化、饮食文化、茶酒文化、婚庆寿庆文化、耕读文化、节庆文化、民俗文化、宗教文化、作坊文化、中医文化等。艺术村：为艺术家创作研究提供时间、空间支持，让艺术家进入一个充满鼓励和友谊的环境。在国外乡村艺术村很普遍。

6. 市民农园

又称社区支持农园，是指由农民提供耕地，农民帮助种植管理，由城市市民出资认购并参与耕作，其收获的产品为市民所有，期间体验享受农业劳动过程乐趣的一种生产经营形式和乡村旅游形式。周末农夫，是指居住在城市的白领来到农村租用农民的耕地，在田地里面种植自己喜欢的蔬菜。

7. 高科技农园 / 教育农园

高科技农园，突出科技引领和示范带动，引进科技化和智能化项目，发展高科技农业。教育农园，指经营者利用农业与农村资源，作为校外大自然教室，带动产业与教育发展的农业经营形态。

8. 乡村民宿

民宿的类型，主要有农园民宿、传统建筑民宿、景观民宿、海景民宿、艺术文化民宿、运动民宿、乡村别墅、木屋别墅。

9. "洋"家乐

指外国人办的农家乐。洋家乐崇尚回归自然、返璞归真，并坚持低碳环保理念。这些高端洋气的农家乐，受到了大量外国友人和都市白领的青睐。

创新康养模式

当下，随着物质生活水平的提高，人们对"健康、愉快、长寿"的欲望越来越强烈，而单纯的养生已难以满足人们对高品质生活的追求，融合时下发展迅猛的休闲旅游，养生旅游迎来重大发展机遇。同时，随着中国步入老龄化社会，老龄人口更倾向于养生旅游。

在健康养老领域，包括智慧养老、生态养老、旅游养老、旅居养老、游学养老等多种形式养老服务，将在分享

经济的影响下，积极创新商业模式，以创新推动行业发展，同时通过创新，让分享经济这种新经济发展方式，真正融入到健康养老产业中，旅游、养老等领域共享企业平台的发展，将引领行业，形成全新的发展模式。

1. 田园休闲养生度假

田园养生，是以乡村田园为生活空间，以农作、农事、农活为生活内容，以农业生产和农村经济发展为生活目标，达到回归自然、修身养性、康体疗养等的目的一种生活休闲方式。

2. 康养旅游

康养旅游，顾名思义为健康养生类旅游，国际上，一般被称为医疗健康旅游。康养旅游作为新兴旅游产品，越来越受青睐。现阶段，养生旅游市场拥有良好的市场环境，发展空间巨大。养生旅游作为大健康产业和旅游产业的复合型产业，值得投资者重点关注。

3. 养生 / 药膳餐饮

从地域角度来看，以珠三角地域养生市场为主，辐射海外华人及亚洲市场；从年龄角度来看，以中老年人群为主，中年为辅，中老年市场的休闲度假消费数量较大，消费诉求为医疗、延年益寿；从性别角度来看，以女性市场为主，养生保健消费较大，其养生商品的购买力较强；从商务市场看，养生保健消费量大，对养生餐饮消费要求较高；消费者较为注重生态养生场所的档次规格，消费额较高。

■ "错"的一半是金，败的一半是贝。错误或失败并不可怕，可怕的是不懂得错里淘金、败中拾贝。人们还需从别人的错误中学习，人生苦短，人不可能完全靠自己获取足够的经验。如果失败了，就是人生财富；成功了，就是财富人生。失败才是成功之母。

■ 守拙，其实是一种耐得住寂寞，厚积的时间要远远长于薄发的时间。你若浮躁，自乱阵脚。做一件事情，只有持之以恒地坚持下去，你才能从中产生对事物的深刻理解和认识，获得与众不同的感悟和洞察，这是一个人成长不可或缺的重要过程。没有这样的积累，即便机会到了你的面前，也很难能把握住。所以，平庸与卓越之间的差别，不在于天赋，而在于长期的坚持、持续的投入。

　　田园养生，养生是目的，田园农场是空间。在农村、农业、农民"三农"大概念下，提出了"三农"养生内容和"六风"养生资源。

　　"三农"养生内容即农作、农事、农活。农作指的是农业生产和农村经济活动，包括作物栽培、树木栽植、畜牧饲养和水产品捕捞、养殖，以及农产品加工、建筑、流通、服务；农事，指的是农村中除农业生产和农村经济活动之外的其他一切社会事务，包括政治活动、村庄建设、乡风文明和宗教信仰等；农活指的是农村中的日常生活，包括食、穿、住、行等。

　　"六风"养生资源，即：田园风光、村落风貌、民间风俗、传统风物、乡土风情和乡村风味。目的就是通过田园养生，提高城乡人生命质量。

田园养生是新时代休闲农业开发的一种新的思路和渠道。这一渠道迎合了当代人注重养生的心理，同时充分利用了乡村田园良好的自然环境，是未来休闲农业发展的一个良好的途径。

1.休闲度假，"静"养

远离灯红酒绿，寻找一片净土常常是旅游者选择田园休闲度假的主要动机。因此农业休养项目的规划中要注重度假项目、空间、氛围以及建筑风格的"静"，同时在视觉上也不宜用太热

烈的颜色。

2.农业体验，"动"养

农耕体验是农业养生与近郊休闲旅游结合的主要形式。田园农耕不仅包含乡村农耕劳作活动，更重要的是挖掘一系列体现生命本源的生活方式和元素，结合出"以动养生"的概念，打造区别于周边景区的田园意象以及参与性高、趣味性强的休闲养生项目，愉悦身心。

3.文化熏陶，"和"养

"与世无争、自给自足"是农业文化的精髓，相关项目的规划开发必须围绕田园文化这根主线，塑造完整的乡村文脉、凝聚本土文化个性、拓展文化空间，从乡村建筑、旅游服务设施、服务项目、旅游商品等方面体现田园文化、乡土文化的精髓，使之与养生主题更好地融为一体。

4.将趣味与劳动结合

田园养生，就是要做到生活和劳动的结合。如采茶作为劳动，讲究的是采茶的速度、数量和质量；而作为生活，则是在保持一定的速度、数量和质量的基础上，追求对采茶知识的认识、劳动的锻炼、技能的掌握、乐趣的获得，这便是一种生活化的劳动。因此劳动的场景中要融入生活的元素，如将田园设计成景观化的田园，将工具设计成玩具式的工具等。

"慢村"共建计划

"慢村"是度假区，又是乡村综合体，更是产业集聚区。

一个可以让行者放慢脚步，悉心感受乡村特质的目的地；"慢村"是一个生活品牌，其以"生活，还可以再慢些"为号召，以"慢村的时间，就是奢侈品的终极形态"为产品规旨，打造一种融合乡村与城市的生活与生产方式。

但"慢村"绝不仅仅是一个为城市居民提供创新业态的品牌 IP 那么简单，它致力于乡村价值的发明、重塑与传播，以及美好乡村的建设。慢村通过"慢村 IP"及产品研发、品牌输出、项目策划、规划设计、开发建设、基金管理、产业运营、物业管理，为中国保留并创造高颜值、超好玩、特安逸、讲品味、有故事、真乡土的乡村。

"慢村"的特征：

1. 以"五慢"理念打造乡村生活方式

慢村是对快节奏现代生活的一种抗击。在慢村，以"慢"为生活常态，人们从饮食起居、日常劳作的"慢餐、慢居、慢行、慢游、慢活"中逐渐找回内心的平静与富足。逐渐达到食甘其味，居安其寝，行安其道，游乐其景，活乐其心的新的乡村生活方式。因此，慢村的产品设计，非常注重通过细节对现代生活中"时间紧迫"的创伤的修复，重新发现乡村安逸快乐的美好生活，并通过与现代的文明的融合，打造精致、有味的新乡村生活方式。

2. 保持村庄原貌与土地关系

从共享角度而言，慢村是对乡村原有闲置资源的再开发，在"真乡土""真受益"的理念下，慢村以"四不变"为基本原则进行开发运营。

一是保持原有村落格局不变，乡村原有的空间格局是乡村人际关系的基本支撑，较小的空间尺度是人与人间亲密关系发展的基础，因此，以追寻乡村慢时光为目标的慢村应保持原有村落格局、空间尺度；二是保持原有生活方式不变，生活方式是乡村文化的集中体现，从吃穿住行到民俗活动，无不体现着乡村的生活观、价值观，因此，保持乡村原有生活方式是保护区域文化内核的题中之义，也是发展新的融合文化的基础；三是保持原有用地性质不变，乡村不能抛弃"农"的本质，不能侵犯农民的土地权益，因此，慢村的开发应恪守乡村用地性质不变；四是保持原有产权关系不变，慢村的开发应以保护原有权利人利益为前提，因此，在积极鼓励土地出租等方式进行土地集中开发的同时，应尽量保持乡村原有所有权、承包权、经营权不变。

3.系统性消解农村发展与城市资本的对立矛盾

在传统的乡村开发中，经常出现城市资本通过对乡村资源的租赁开发，赚得盆满钵满，而村集体与农民个人难以获得开发红利的情况。慢村的开发为更大程度上保护农民利益，实行"五优先一自愿"原则。即"物业优先租赁、产权优先购买、就业优先安排、出产优先采购、政策优先覆盖"的五自愿与"土地自愿入股"的一优先相结合的方式，以系统性消解农村发展与城市资本对立的矛盾。

更为重要的是慢村"三变"，通过闲置农宅、农地等闲置资产，智力、信息、服务等资源，以及资本共同构成乡村开发主体、利益共享者。

通过慢村的"三变""四不变""五优先一自愿"，为人们提供更加美好的乡村生产方式，更高品质的乡村生活，实现更加充分、更加平衡的城乡发展。

康养小镇开发8大类型

康养小镇是指以"健康"为小镇开发的出发点和归宿点，以健康产业为核心，将健康、养生、养老、休闲、旅游等多元化功能融为一体，形成的生态环境较好的特色小镇。

1.文化养生型

深度挖掘项目地独有的宗教、民俗、历史文化，结合

市场需求及现代生活方式，运用创意化的手段，打造利于养心的精神层面的旅游产品，使游客在获得文化体验的同时，能够修身养性、回归本心、陶冶情操。如依托宗教资源，打造文化度假区、依托中国传统文化，打造国学体验基地等。

2. 长寿资源型

依托长寿文化，大力发展长寿经济，形成食疗养生、山林养生、气候养生等为核心，以养生产品为辅助的健康餐饮、休闲娱乐、养生度假等功能的健康养生养老体系。

3. 中医药膳型

药食同源，是东方食养的一大特色。因此美食养生可以说是健康旅游中至关重要的一项内容。健康食品的开发，可以与休闲农业相结合，通过发展绿色种植业、生态养殖业，开发适宜于特定人群、具有特定保健功能的生态健康食品，同时结合生态观光、农事体验、食品加工体验、餐饮制作体验等活动，推动健康食品产业链的综合发展。

4. 生态养生型

以原生态的生态环境为基础，以健康养生、休闲旅游为发展核心，重点建设养生养老、休闲旅游、生态种植等健康产业，一般分布在生态休闲旅游景区或者自然生态环境较好的区域。即依托项目地良好的气候及生态环境，构建生态体验、度假养生、温泉水疗养生、森林养生、高山避暑养生、海岛避寒养生、湖泊养生、矿物质养生、田园养生等养生业

■ 村上春树说：你要记得那些大雨中为你撑伞的人，帮你挡住外来之物的人，黑暗中默默抱紧你的人，逗你笑的人，陪你彻夜聊天的人，坐车来看望你的人，陪你哭过的人，在医院陪你的人，总是以你为重的人，带着你四处游荡的人，说想念你的人，是这些人组成你生命中一点一滴的温暖，是这些温暖使你远离阴霾。

态，打造休闲农庄、养生度假区、养生谷、温泉度假区、生态酒店/民宿等产品，形成生态养生健康小镇产业体系。

5. 养老综合型

有一定的环境资源，同时拥有有一定经济实力的老年群体，将医疗、气候、生态、康复、休闲等多种元素融入养老产业，发展康复疗养、旅居养老、休闲度假型"候鸟"养老、老年体育、老年教育、老年文化活动等业态，打造集养老居住、养老配套、养老服务为一体的养老度假基地等综合开发项目，为老年人打造集养老居住、医疗护理、休闲度假为主要功能的养老小镇。带动护理、餐饮、医药、老年用品、金融、旅游、教育等多产业的共同发展。

6. 度假产业型

居住养生是以健康养生为理念，以度假地产开发为主导而形成的一种健康养生方式。这种养生居住社区向人们提供的不仅仅是居住空间，更重要的是一种健康生活方式。除建筑生态、环境良好、食品健康等特点外，它还提供全方位的康疗及养生设施及服务，并为人们提供冥想静思的空间与环境，达到在恬静的气氛中修身养性的目的。

7. 体育文化型

依托山地、峡谷、水体等地形地貌及资源，发展山地运动、水上运动、户外拓展、户外露营、户外体育运动、定向运动、养生运动、极限运动、传统体育运动、徒步旅行、探险等户外康体养生产品，推动体育、旅游、度假、健身、赛事等业态的深度融合发展。

8. 医学结合型

康疗养生产品的构成主要是以中医、西医、营养学、心理学等理论知识为指导，结合人体生理行为特征进行的以药物康复、药物治疗为主要手段，配合一定的休闲活动进行的康复养生旅游产品，包括康体检查类产品，它是医疗旅游开发中的重要内容之一。

用创意文化或创意农业的思想，进行产品开发和设计，从而实现乡村旅游产品创新和提档升级，才是乡村旅游发展的王牌！

乡村旅游设计要重点从其主要消费者——市民的审美观和体验角度，而不是站在村民的角度来思考问题。

■ 第一种维度的人，喜欢说"No"，这是一种最封闭式的状态。第二种维度的人，喜欢说"Yes，but"，也就是"这个东西是挺好的，但是……"，无数的"但是"其实就是无数的借口。第三种维度的人，喜欢说"Yes，and"，即："是的，不仅如此，我还想要怎样；不仅如此，我还可以怎样。"这是最好的一种状态。如果他说"yes and"很多，这个人就会有机会突破。

乡村农业旅游产品：
科技＋创意＋艺术

对于乡村农业旅游产品的开发，首先应立足于新型农业农村现代化这一前提，运用现代科学技术推动农业用具和各种农产品的现代化，生产过程的现代化，数字化操作。建立具有地域特色的农业用具或农业博物馆。

其次应立足农业旅游产品的观赏价值，利用生物技术，改变农产品形态，如巨型南瓜，迷你西瓜、彩色番茄等。甚至是积极培育新的观赏农产品，如像荷兰培育的奶油郁金香与蕾丝郁金香，就具有很强的观赏效果。在此基础上，运用创意、生物技术、园林造景手法，在乡村地区建立奇趣农产品主题园，诸如奇趣花园、奇趣瓜果园、奇趣盆栽园，等等，即具有很强的观赏价值，还具有普及和宣传科普知识的功能。

再次，在农产品开发过程中，融入书法、绘画、雕刻等艺术元素，如在葫芦上绘画、在核桃上进行雕刻等。最后，可以利用农业生产，营造农作物景观艺术，如梯田景观、薰衣草花海、向日葵园区、玉米地迷宫等。

乡村民俗旅游产品包括民间文学、民间传说、戏曲、民歌、民间舞蹈等艺术类民俗产品，民间刺绣、剪纸、木版年画、泥塑、木雕等技艺类民俗产品，民间节日仪式、民间游戏等节庆类民俗产品，这些都是乡村旅游重要的吸引物。

首先可以建立主题性民俗博物馆。如汴绣博物馆、木雕博物馆等；其次可以将民间文学、民间传说与出版业、电影、电视结合，形成名符其实的创意乡村旅游产品。

再次民歌、民间舞蹈、节庆礼仪等可以与视觉艺术、表演艺术、音乐等相结合，打造大型具有地域特色的大型文化实景演出。此外，民间游戏、民间节庆可以与比赛、会展相结合，增强旅游者对于民间游戏、节庆活动的了解，同时借助比赛的形式更具有吸引力和参与性，甚至建立节庆礼仪体验园区。

最后对于民俗资源丰富的村落，可以组织社区民间艺人，建设集工艺制作、收集陈列、研究培训、表演销售于一体的"主题民艺村落"。开展木版年画作坊、剪纸艺术培训中心、刺绣传授中心等专项旅游项目。借助民俗、创意民俗，实现民俗旅游产品深层次的开发。

乡村农舍村落旅游产品：建筑文化＋艺术创意＋农业园艺

　　我国南北东西跨度大，气候差异明显，南北东西传统民间建筑风格迥异，乡村旅游地的特色建筑以及乡村村落传统的风水文化自然也成为了乡村旅游重要的资源。但特色鲜明的古村落已是凤毛麟角，因此，现代乡村农舍村落旅游产品的创意设计至关重要。

　　可以将乡村农舍与花卉艺术相结合，实现乡村意境的视觉美、嗅觉美，如花屋设计，房前屋后甚至是房顶上种满了美丽的鲜花。可以将乡村农舍与当地艺术相结合，实现乡村文化艺术内涵与建筑文化的有机结合。

■ 何为贵人：①激励你让你看到自己优点的人。②帮你理清生活工作思路的人。③给你分享新观念好消息的人。④提醒你让你看清自己不足的人。⑤愿介绍成功朋友给你认识的人。⑥相信你教导你向上成长成功的人。⑦欣赏你维护你并志趣相投的人。⑧给你正能量带去轻松快乐的人。⑨能提供学习机会成长平台的人。广义上来讲，所有能让我们得到提升的人都可以称为"贵人"。

提升游客二次消费的7种途径

1. 食色，性也——满足吃货需求，利用特色美食创造收入

吃是人的本能，在旅行过程中，在吃的问题上得到满足会极大提升游客的旅行体验。美食分享与特色风景一样，是游客在微博微信、点评网站分享的主要动力和内容，是口碑营销的主要传播点，此外，解决了吃的问题，在增加收入的同时，也有助于延长游玩时间。

特色美食一般包括特色小吃和可携带的特产，有条件的景区可以在景区周边或内部规划建设专门的以当地特色为主的美食区，没条件的也可以在旅游旺季通过举办美食文化节、民俗文化节等形式引发游客消费。

■ 人最怕的，是热情后的冷淡，是信任后的背叛，是熟悉后的陌生，是热闹后的孤单。拥有过，再失去了，往往比从未得到过更痛！

2.便利、舒适、特色的住宿环境

便利是指住的地方必须是一个功能较为完备的区域，有的吃，有的玩；舒适是基本的住宿需求。特色是游客选择住在你这里而非附近其他地方的理由，相比普通酒店，你所提供的住宿环境有无独特之处？比如古镇的客栈，佛道文化景区的禅房、养生馆，少数民族风景区的特色民居，森林或沙滩的帐篷，草原的蒙古包等等，结合景区或当地特色打造独特的住宿体验，让游客愿意住下来。

3.给游客一个留下的理由——夜间娱乐休闲节目的打造

对于包括景区在内的旅游目的地而言，让游客住下来就意味着更大的消费空间。度假游的客单价远远高于观光游，那如何让他们留下来呢？除了上面提到的便利、舒适、特色的住宿环境之外，还必须为游客照想，填补其晚上娱乐休闲的需求，比如夏季的篝火晚会，文艺或民俗演出，景区周边或内部自带的温泉、养生、K歌、酒吧、夜市等休闲娱乐场所，让留下来的游客有的玩，不寂寞。

4.关注女人和孩子——他们在影响旅游决策，旅游产品和服务要向他们倾斜

近年来各大旅游网站的数据都有一个共同点——女性主导旅游产品的

购买决策。无论家庭旅游还是情侣、集体，大都是"听她的"，而且女性敏感度强、更具消费冲动、分享冲动，几乎贡献了绝对的旅游收入和景区口碑数据，景区在提供旅游产品和服务时，要向女性用户倾斜。针对家庭游、亲子游等客群，孩子喜不喜欢，玩得好不好，往往是决定旅游决策和停留时间的决定因素，所以景区主要客群中如果家庭游、亲子游较多，可专门针对孩子规划设计相应的旅游项目、产品，留住了孩子，就留住了家长，也就留住了"多次消费"的可能性。

5.游客购买的不是纪念品，而是旅行体验、回忆

游客购买旅游纪念品，买的不是物质形态的商品，而是精神或情感层面的旅行体验。参与感就有了用武之地，让游客参与到纪念品的设计、制作中来，纪念品对于游客而言就超越了商品属性，给了游客"拥有"它的理由。比如将当地特色的美食、酒、茶、特产等制作过程拆分并展示出来，让游客了解整个特色产品的诞生过程，并将游客可参与的部分贡献出来，让游客参与设计、制作，这种独特的旅行体验会成为珍贵的回忆，成为游客"应该"消费的理由。

6.走过路过不要错过——游线设计与业态分布

进入景区，游客怎么走是可以由景区来引导的。有改建提升计划的景区可咨询有景区O2O运营经验的旅游规划公司重新设计游线，并根据主要旅游资源的分布，结合主要客群的需求，制造更长的停留时间、更多的消费场景，来提升游客二次消费的概率。

7."关键时刻"做好服务，提供美好舒适的消费环境

在B2C业务的打单法则中，有一条众所周知的战术，即在顾客消费过程的每个"关键时刻"做好服务，可以极大地提升成单率和服务体验。最早是在航空服务业中被应用，景区服务也一样，决定游客旅行体验的往往是某些"关键时刻"，比如入园和游乐设施的排队、停车、上厕所、吃饭、避暑或防寒、旅游商品质量及其他突发意外情况，等等，景区有无针对性的应对措施（解决方案），有无服务培训机制，来解决游客的体验问题。

休闲农业品牌打造

■ 忙碌并不等于高效。有时为生活留白，看似无用，却为大用。种桃，种李，种春风；养花、养草、养心灵，都是为了在一切已知之外，保留一个超越自己的机会，人生中一些很了不起的变化，往往来自这种时刻。生活中，我们总是可以停下来，静一静，发发呆，没有急切，没有压力，让自己有时间平复浮躁不安的内心，从而继续淡定地面对将来的未知，反而能让我们走得更远。

　　休闲农业是由土地的耕种能力、开发能力、区位能力等三力配合，形成农庄之美、农产之美以及人文之美，让生产者卖智慧、知识、产品或是卖生态、生活、生产等多次贩卖策略，用价值链形态供应消费者礼品、化妆品、保健品。

善用三力

　　土地要有效利用，必须善用土地的耕种能力、开发能力与区位能力。早期的观念认为土地要有效利用必须提高"复种指数"或做立体经营，利用土地的高度做适合的配置——低洼地搞水产渔类养殖、平地利用土壤种植农作物或利用土地开发能力盖禽、畜舍养鸭、养鹅或养猪，搞农业资源生态循环。

如有些地区根据农田建设，按土地区块深挖排水沟，植种水生作物茭白笋或莲藕，并饲养容易适应水生环境的植物与鱼类，机耕道上种上农作物如豌豆等，利用水沟、豌豆攀爬，形成水中养鱼种茭白笋，平面种作物，延伸空中为豌豆棚，形成一种立体栽培的模式。

现代农业必须善用土地耕种能力发展农业生产，善用土地开发能力发展农副产品加工业，善用土地区位能力发展休闲服务业，这样构成产供销一条龙，并将农业利润留在农民的身上。所谓善用就是要以满足消费者的需求为导向，找出耕种能力、开发能力、区位能力三力的适当比例。

善用三力在休闲农业的经营中非常重要，这即是经营休闲农业的重要考核指标，也是经营休闲农业的主要特色。

例如，重视区位能力，休闲农业园区可能位于收入高、人口集中的大城市周边地区；重视开发能力休闲农业园区可能位于有特色的地区而离城较远的地方；重视耕种能力可能园区位于偏远的地区而主要有养生的功能，等等。善用三力必须进行严格的资源分析与市场调查，准确把握休闲农业园区的主题定位，做好休闲农业园区规划，这是休闲农业经营成功与否的第一步。

 很多人都听说过"不忘初心，方得始终"，却少有人知道下一句"初心易得，始终难守"。做任何事情都一样，难在坚持，也贵在坚持。有专而有恒，有恒而有果。能勤、有恒，百事可成。

■ 随着时间的流逝，身边的人渐渐离你远去，重要的人越来越少，而留下来的人越来越重要。我们认识的所有人之中，只有少数几位会变得很特别，保持联系。或许，只有历尽世事，才会明白，眼前拥有的，才是真正应该珍惜的。

　　会三美是展现农庄之美、农产品之美、人文之美等三种。

　　休闲农业的目的是经过安排展示出农业的自然之美，而这自然之美是休闲农业园区的基本条件，但其必须经过创意设计与包装，才能充分表现出特色，让消费者感受到美丽与温馨的农庄之美。

　　其次让消费者感受到农庄生产出的农产品更有特色，主要表现在生产过程绿色有机，在自然资源循环体系生产，展现大自然的生态平衡，也从加工或分级包装中诱导消费者喜爱与珍惜，展示出农产品高贵之美，让消费者体会大自然的恩赐。

　　人文之美是生产者在经营农业所流露出对传统文化的喜爱，是一种尊重大自然、细腻精致的工作习惯。例如，让消费者感受农庄从清洁、整齐、简单、朴素、优雅都是在服务消费者，例如，进入洗手间（化妆间）是一种享受与艺术、买东西是一种学习、运动是一种教育，游客从中也能获得人文素养的提升。

　　三卖的理念是：一卖生态、二卖生活、三卖生产；或是一卖智慧、二卖知识、三卖产品。其基本理念是多次贩卖。一般的农民在农业的生产过程认为农业知识水平含量低，因其知识水平偏低，不会亦不敢利用农业生产过程进行贩卖，必须等到作物开花结果收成以后，才将农产品贩卖到市场，以致于其所得偏低。农民如果提升知识水平，将农业生产故事化与节庆设计，即可将自己的农地向大众敞开经营，即为卖生态。

　　其次，亦可邀请消费者共享农家生活的再卖生活，最后消费者要离开农庄帮其准备生鲜与加工伴手礼的再卖生产，无形中形成多次贩卖的理念基础。

　　农庄的多次贩卖形态，亦可利用讲故事、解说生态或大自然的循环卖第一次智慧，其次可将其生活上的小常识教育消费者或提供消费者新的观念与方法，再卖第二次知识。最后，消费者要离开感受农庄主的热情与温馨为留下美好的记忆，买下农庄主的产品，这是属于更高层次的行销策略。

■　有志者自有千计万计，无志者只感千难万难。

产品一般是提供消费者基本的粮食，较少由农民自行加工成为加工品，农产品如只是提供食用，其价值难以提高，必须将农产品的供应链转型成为价值链。所以，农产品提供消费者只用不吃，即可提高市场价格。

何谓理解休闲农业只用不吃的产品理念呢？是指农产品产出三品：一品为礼品、二品为化妆品、三品为保健品，送礼品是建立人际关系的好方法，人们送礼希望送出时感觉会是高贵的，农产品当礼品比其它工业品实惠，一方面可用、可食，且价格不会太高，如能反季节或新鲜奇特即可显现其高贵。

而农产品当化妆品已成为当代的主流，因回归大自然的化妆品，可让一般追求美的女性趋之若鹜，不但实惠而且经济，更可保持自然美，所以，将农产品当化妆品其价更高，比当食品要胜出数倍，这也是时势所趋。农产品当保健品是因为人们对于化学产品副作用的了解，唯有农产品的保健品才是真正的食疗产品，所以农产品当保健品将会成为一股挡不住的潮流。

■ 笑容，就是笑着包容一切的不完美。

■ 我们身处一个愈来愈复杂，越来越让人搞不清方向的世界，最重要的不是你的智商有多高，意志力有多强，自信心有多旺盛，而是你将如何面对一无所知的事物，我们应当学习如何运用无知。

休闲农业的休闲之旅应属于"三惊之旅"，即惊讶、惊奇、惊喜的现象。

（1）惊讶。当消费者进入休闲农庄时感受到惊讶，从未见过这样有创意的设计，形成一种有形或无形对游客心中的冲击，感受莫名的激动。

（2）惊奇。当消费者对休闲农庄产生惊讶以后，必定产生惊奇之感，心中充满好奇，想深入探讨其中的奥妙之道理，经过一段时间的体验，才了解原创者的心思巧妙，悟出其中的大道理。

（3）惊喜。当消费者对休闲农庄设计理念，悟出其中的大道理，心中感到无此惊喜，认为是少见的设计。

"三惊之旅"最容易产生口碑营销，让人心中感觉兴奋与快乐，与人分享后又会产生成倍数的效果。如，首先是带家人来休闲农庄分享快乐，其次是带亲戚，最后是带朋友，最少可以实现三倍以上的营销效果，这是"三惊"的口碑营销效果。

如何确定爆品？爆品都具有独特卖点，并深受消费者喜爱。

➤ 餐饮爆品项目

不能满足胃，就不会再回头！

1. 经营模式差异化

2. 菜品差异化

3. 环境差异化

➤ 住宿爆品项目

住宿形态：创意、野奢

住宿环境：优美、意境

住宿理念：主张、环保

➤ 环境与文化爆品项目

乡村文化、民俗文化

➤ 体验爆点项目

■ 不虚伪、不做作、直率、干脆，这是真；以同情之心待人，以恻隐之心爱人，这是善；沟通心灵和仪表，融合人类与自然，这是美。以真善美的品味做人，其乐无穷。

■ 作为一个新经济模式，共享经济的核心是盘活存量经济，对闲置资源进行再利用，说白了就是不必"你有我有全都有"，但求"你用我用大家用"。世间万物，唯我所用，非我所有。未来，我们都拥有，又都没有。即插即拔，来去自由。这，才是彻底的共享经济。

休闲农庄要有吸引客人来又能留住客人的能力，最重要的关键因素在于创意，尤其是体验活动规划设计创意，能带给消费者快乐与兴奋，更能带给消费者参与的兴趣。所以，创意是休闲农庄的第二品牌。至于创意到底需要何种内容？重点是五个要意。

（1）差异。创意的开宗明义是与众不同，并非模仿或拷贝，要有绝对性差异性，一眼望去，即可知是有差异性的创作，不是经过琢磨的变异性差异。虽然创意性的差异有其困难度，但是有其存在的核心价值。

（2）议论。创意性的作品或活动，常为一般人所讨论或模仿，甚至成为流行的主题，当创造性激起人们心中底层的思绪，往往就成为了讨论的课题，所以创新与创意必须具备被议论的条件。

（3）记忆。创意或创新的活动与一般活动最大的不同，在于看了或做了，马上印象深刻永难磨灭，甚至勾起其他的回忆相互印证，甚至一再被回味，让记忆深刻。

（4）艺术。创新或创意本身是一种艺术，而艺术对于不同领域的人有不同的诠释方法，所以艺术对于创意而言，是一种结构体，而非附加体，能表达出其真正的意义。

（5）容易。创意本身是一种容易做、容易懂，这种创意才能渊远流长，为一般人所愿意做或模仿，这样的创意才会有经济价值，也才会有市场。

休闲七满

　　休闲农业除有活动设计以外，主要是让消费者体会大自然的生态美，而这种体会是身体力行，满足消费者的各种心理与生理需求的。

　　（1）满足眼睛。主要是好看，满足眼睛的视觉，让消费者赞叹从未或很少看过这样漂亮的景观或设计。

　　（2）满足鼻子。主要是好闻，满足鼻子的嗅觉，让消费者赞叹从未或很少闻过这样的香浓，真是香味扑鼻。

　　（3）满足耳朵。主要是好听，满足耳朵的听觉，让消费者赞叹从未或很少听过这样大自然的鸟鸣叫声及潺潺的流水声，仿佛是一曲乐章。

（4）满足嘴巴。主要是好吃，满足嘴巴的味觉，让消费者赞叹从未或很少吃到这样纯真的大自然味道，不仅是快乐，而且是人生一大享受。

（5）满足脑袋。主要指形象，满足头脑的想象空间，让消费者赞从未或很少看到这样经典的形象，不仅有三分形象、七分想象的幻想空间，而且还有其好奇心的满足。

（6）满足四肢。主要指运动与休闲，满足四肢的运动神经，让消费者尽情放松跑跳蹦，使其精疲力竭，徜徉在大自然的怀抱中，体会大自然的伟大。

（7）满足口袋。主要指好的产品，让消费者感觉不买可惜，充分满足消费者的购买欲望，让消费者有不虚此行之感，觉得心中充满踏实感。

■ 起，走＋己，人生的每一次提升，都是靠自"己"，一步一步"走"出来的。

休闲农业是一种真、善、美的整合体现，有自然美和人工艺术美，还有人文管理美。所以，休闲农庄前期是表现自然美、环境上人工的修饰，建立整齐、整洁、简单、朴素等四美，后期主要表现整体美与人文管理素养美，以标牌显示及主题设计为主。

（1）自然美。休闲农庄最大的核心价值是自然美，自然美形成是由地形、气候、日照、雨量、土壤等自然条件形成的特色。如、有的四面环水，自然形成的水乡。自然美是休闲农庄形成的基本条件。

（2）环境美。由自然美衬托出休闲农庄的环境美。环境美由春、夏、秋、冬不同季节及不同的节气，不同的景

让，是品，也是德，忍，是容，也是度。让未必会为你带来利益，但是一定让你活得轻松。忍未必会得到他人感激，但一定会让你内心平静。人这一生，有两种修炼必不可少，一是拓宽眼界，二是开拓心胸。有两颗心不容错失，一是感恩之心，二是进取之心。

致或风味形成环境美,例如,北方是寒带的作物、南方是热带的作物,各有其奇特的美丽。

（3）整齐美。休闲农庄如能创出好山、好水、好意境,必须要有整齐美,整齐美让人有种舒畅的心理感觉。不会有心中紊乱烦躁的厌恶感,整齐美能给人们对大地恩赐的感恩情境,有种不可思议、爱惜土地的情感。

（4）清洁美。人们生而具有爱清洁的习惯,休闲农庄有清洁美,就有清新优雅之感,消费者就能有悠闲之感,慢慢地欣赏与体会农庄之美。

（5）简单美。消费者大部分来自吵杂的都市环境,来到休闲农庄感受简单之美,会产生不同的思绪,体会出快乐的想法。

（6）朴素美。消费者接触太多的物品,都是华丽感觉不自然,无法回归大自然之朴素,来到农庄能感受真实与朴素,体会大自然的朴素放松不须拘谨的态度。

（7）标示美。休闲农庄除了本身的清新亮丽,其标示或指示牌要具有特色,除了一目了然外,最好还能显现其精心制作的艺术,虽然是小处,但仍能表示出其人文素养。

（8）主题美。主题美是休闲农庄吸引消费者的策略目标,是休闲农庄的精心杰作,许多消费者会因主题美,不远千里一睹风采,所以,主题美是休闲农庄持续经营的生命力,其设计内容必须依当地的消费者的需求及经营者的智慧,加以设定。

（9）整体综合美。休闲农庄有自然的景致及人工的设计景色,两者的结合必须是协调而温馨的,不会让消费者感到不习惯或不自然,让消费者感受整体的美中美,有说不出的综合美。

（10）人文管理美。休闲农庄最不容易也最难是人文管理美,因涉及人文水平与管理素养,经营者的用心和细心会让消费者体会其温馨。如,对于农庄内的生物保护、对消费者提出周到的服务,都是需要特别设计,这不仅是人文管理的体现,更是经验的累积。

如何选址开发休闲农业？

■ [三不负主义] 不负天（赋），不负人，不负己。个人要尽自己的力量，努力让自己的天赋得到充分的发展。不要对不起父母，不要辜负在你的成长过程中教导你、辅助你、爱护你的老师、朋友、恩人、贵人，不要有害人之心。对自己负责，又不屈己。

1. 资源含金量高

休闲农业具有农业和旅游业的双重功能，休闲农业资源的价值条件是其开发的基础。因此，搞休闲农业选择开发地时一定要注意，休闲农业资源的质量和价值越高，其旅游吸引功能就越强，其效益就越有保障。

2. 自然条件好

休闲农业资源因受自然条件影响而具有强烈的地域性和季节性。休闲农业开发地的综合自然条件在一定程度上决定了资源开发的类型和方向。自然条件对休闲农业资源开发的影响主要表现在其所在区域的地貌、气候、水文、土壤、环境质量状况等因素方面。

休闲农庄与乡村旅游必须建立在优越的自然条件基础之上，一般来说温暖湿润的气候，充沛的地下水，丰富的地表水，优良的水文状况，丘陵和平原相间的地貌，肥沃的土壤，较少的灾害性天气，是非常适合开发休闲农庄与乡村旅游的好地方。

3. 经济能力强

选址所在地社会经济发展程度和总体水平的高低，直接关系到发展休闲农业与乡村旅游的经济力量和经济条件，决定了该地休闲农业发展的人、财、物力资源投入的水平、旅游接待能力，以及城市居民出游水平等。

4. 客源市场活

旅游客源市场即旅游需求市场，是旅游业赖以生存和发展的前提。客源市场条件决定着休闲农庄与乡村旅游农业资源的开发价值和规模。

5. 区位条件优

休闲农业开发的方向、规模和效益取决于区位条件。区位条件包括资源开发地的地理位置、交通通达性、依托城市和相关旅游区之间的相互联系程度、在区域经济产业中所处的地位等，即通常所说的地理区位、交通区位和经济区位。休闲农业的区位选择应以市场为导向，一般要求布局在城乡接触带上。

6. 农业条件好

休闲农业与乡村旅游开发地的农业基础对其开发有重大影响。农产品的种类、产量、商品率等与休闲农庄的开发都有密切关系。

休闲农业园区除了自然的体验，必须有活动设计，常见休闲农业趣味活动有：

（1）体验活动。农耕作业（松土、播种、育苗、施肥、除草）、亲自驾驶农耕机具（收割机、牛车、耕耘机、中耕机、插秧机等）、采茶、炒茶、栽树、栽菜、挖竹笋、捡蘑菇、捡鸡蛋、拔花生、剥玉米、采水果、挤牛奶、捕鱼虾、农产品加工、农产品分级包装等活动。

（2）自然观景。日出、夜景、浮贯、雨雾、彩虹、山川、河流、瀑布、池塘、水田倒影、梯田、茶园、油菜园、草原、竹林、烟楼、农庄聚落、海浪、湖泊、矶岩、海湾、盐田、渔船、舟山板等活动。

（3）野味品尝活动。筑土窑烤地瓜、烤土鸡、烤兔子、烤全羊、野味烹调、药用植物炒食、品茶、鲜乳试饮、地方特产品尝、野果采摘等活动。

（4）民俗活动。乡土历史探索、人文古迹查访、自然生态认识、大自然学堂、农村生活体验、田野健行、手工

艺品制作（花艺、陶艺、剪纸等）、森林浴等活动。

（5）乡村文化。寺庙迎神赛会、丰年祭、捕鱼祭、车鼓阵、牛牦阵、赏花灯、舞龙舞狮、皮影戏、歌仔戏、布袋戏、南管北调、划龙舟、山歌对唱、说古书、雕刻、绘画、泥塑等活动。

（6）亲子活动。玩陀螺、竹晴蜓、捏面人、玩大车轮、打水井、推石磨、踩水车、坐牛车、羊拉车、灌蟋蟀、捉泥鳅、垂钓、钓青蛙、捞鱼虾、喂牛养、踢铁罐、扮家家酒、骑马打仗、跳房子、放风筝、踩高跷、玩泥巴、儿童垂钓、儿童水上乐园等活动。

（7）森林游乐。游客体验森林浴、体能训练、生态环境教育、丛林穿越、树上探险、赏鸟、森林幼儿园、知性之旅、养生馆等活动。

（8）产业文化活动。游客体验农业之产、制、贮、销及利用之全部或部分过程等系列活动，如蔬菜生产过程的淹制、干制、脱水、加工等。都属于产业文化活动。

■ 左宗棠写过一副对联"能受天磨真铁汉，不遭人嫉是庸才"，成功不是看谁能力最强，而是看谁能坚持最久。获得生命意义的唯一途径，就是日积月累的下苦功夫，在长远眼光下越挫越勇的坚持到最后。做人做事都要踏踏实实，"笃根本，去浮华"。

让游客吃起来

（1）吃与文化紧密结合，吃文化，吃不仅是满足生理需求，更满足心理需求。吃什么不重要，跟谁吃很重要。

（2）与大市场紧密结合，小吃成就大市场，小而美的单品店成为投资的重要选择。

（3）快递业。

（4）节会。

（5）与城市发展紧密结合。一个城市里没有几条美食

236

街、美食城，就不叫城市了。

（6）品牌。自己独特的个性化品质化的品牌。

（7）与时尚生活更加紧密结合。

（8）与城乡发展紧密结合。

（9）标准化、资本化、工厂化是大趋势。

（10）吃生态。从吃便宜，吃味道，吃面子，到现在的吃健康，这比什么都重要。

➤ "吃"要怎么做

（1）一定要做一个美食盛宴，吃文化。

（2）吃美食，每个菜上来都要有故事，都要有好的菜名。文化产业就是一个思想产业，思想到哪儿，文化产业就发展到哪儿，发展的天花板就是思想的天花板，突破思想的天花板，发展就有了新突破。所以人最难的是突破自己，突破自己的人才会突破一切。

（3）三大宴，婚宴、寿宴、状元宴，要有各种各样的文化之路。

（4）糕点。糕点是行囊中的乡愁，家乡的味道，可以让人带走。

（5）美食包装。

（6）可以吃的村庄。

（7）小吃吧，茶吧、咖啡吧。

（8）烹饪技术、培训。

■ 人生不能靠心情活着，而要靠心态去生活。每个人身上都有太阳，主要是如何让它发光。不要杞人忧天。烦恼并不会减少明天的负担，却会失去今天的快乐。要知道，真正成熟的人，绝对不会以情绪为食，他们面对失败所表现出来的波澜不惊，是由内而外散发出来的笃定。如果你的心是定的，便永远不会浮躁。

让
游
客
拍
起
来

美美美，拍拍拍，买买买，是抓住消费者心理发展乡村旅游的关键词。一般发微信朋友圈一次九张图，能激起游客拍照欲望代表性景观至少要有九个。各景区或农庄对摄影师、旅游体验师免费开放，并设置精美照片展示区。

让游客"拍拍拍"不停的诀窍：

➤ 巧设景观，设计园区"萌物"

可设计与主营相关的卡通化、拟人化的形象，并将其运用到园区的每一个角落，比如说该形象的标识牌、人力车、秋千、长凳、酒缸、草莓心形门、留言卡片、游步道、风车、雨伞、杯子等，通过创意、趣味的主题景观强化了人们对园区的感官印象。

➤ 不收门票、适宜拍照，知名度大幅提升

采取不收取任何门票的经营策略，可提升园区客流量，其本身适合拍照的特性，又很适合在社交媒体上传播，从而迅速打开了知名度。在文创产品方面，研发了许多创意新奇、便于携带的旅游纪念品在园区内售卖。

➤ 联动周边热门景点，串点成线

在产品包装上，与周边热门景点联动发展，延长游客停留时间，增加收益。

■ 自己永远无法赢过所有人，比较再多，也许只是徒增烦恼。总有人要胜过你一些，也总有人要逊于你一些。人生就像是一个盛大的表盘，每个人都有自己的人生时机。有些难过、失落和沮丧，不过是因为时机未到。而有些机会，一旦错过，很难再来。

休闲农业发展要点

休闲农业专家谈再红认为，发展休闲农业要注意以下要点：

（1）休闲农业必须以农业为基础，实现农旅相结合。但现实情况是很多人只会做旅游，不会做农业。

（2）休闲农业的"三生"结合要先生态、后生产、再生活，不能先生活、后生产、再生态。

（3）休闲农业的一二三产融合要坚持：一产是基点，二产是重点，三产是亮点。

（4）休闲农业项目必须要有主题定位，农业种养生产什么，就决定了

■简静，不是远避尘世，而是远避尘嚣。简静的人，一切删繁就简，不愿在众人面前张扬，只愿低调平和行事。简静是一种收敛和蕴蓄，至冲淡，至平和，简静的人无意追逐物质层面的繁盛，只在精神的高地，兀自风雅。

你的旅游休闲做什么。

（1）休闲农业园区不能当成旅游景区来干。

（2）休闲农业的景观设计不能像城市一样做园林景观，栽名贵花卉、常青树，主要是围绕农业生产进行布局与景观设计。

（3）休闲农业规划不是建筑规划、园林规划，旅游景区规划，而是以农业生产布局为主的休闲农业规划，规划重点是以设计赢利点为主要内容的商业经营模式规划设计。

（4）休闲农业的休闲旅游活动重点要围绕有七个方面设计：看什么，玩什么，吃什么，住什么，买什么，体验什么，传播什么（文化）。

（5）亲子活动也要分不同年龄层次，根据不同主题，重点是设计春播、夏种、秋收、冬藏的主题活动。

（6）休闲农业经营，不能只盯着园区的一亩三分地，要整合资源，当做平台来打造，让投资商、经营者、消费者、农民都能参与进来。

很多农庄都设计了强吸引力的休闲旅游产品，这种吸引力除传统的食、住、行、游、购、娱旅游六要素之外，还蕴藏着休闲农业新型产业发展的六要素。

文化：农园的特色文化，优势文化；

体验：为游客提供各种农事体验活动；

环境：良好的乡村和农业景观环境；

科教：农业科技进步，教育、培训的提升；

健康：主要围绕生产、生态、生活和生命来打造农庄的产业发展，从而形成良性运转；

综合：主要是农庄多样化的产品，满足不同游客多方面系列化的要求。这些包括着巨大信息量的生态农业产品，比如以茶叶为主题的休闲农庄，要设计茶叶的起源，茶文化，茶故事，茶的生产，炒茶制茶加工，品茶与茶道，茶的养生等一系列体验活动与茶的不同规格与品质的产品。就使得农庄的生态农产品不同于一般的普通农副土特产品，虽然它是实物性的物质产品，但它应该是具有无形价值的服务产品，它的生产和消费具有同步性质。农庄根据市场的细分和资源特点设计出的各种体验产品与生态农产品，只有来农庄的游客消费时，它的真正价值才能体现出来。

■ 你今天所有的好运，不过是以前漫长日子
　里的坚守和专业塑造。

金话筒

有没有拿话筒人员是检验农庄生意好与坏的一个标准。休闲农业园区拿话筒的人员就是游客在农庄休闲观光过程中专门陪同游客负责园区观光讲解并组织游客开展休闲体验活动的人员。目前有的休闲农业园区叫导游，有的叫游客组织者、游客指导老师、游客管家等。不管叫什么，园区导游在休闲农业营运中起着非常重要的作用，主要从以下三个方面得到体现：消费者休闲旅游的质量高低，有利于农庄产品的销售，农庄形象的推广。

■ 人生需要四种信念：第一信念："天道酬勤"，用勤奋赢得尊重；第二信念："地道酬善"，上善若水，心怀敬畏，不需锋芒毕露；第三信念："商道酬信"，为人在世，无信不立；第四信念："业道酬精"，尽力把事情做到最好，这是我们能够过好一生的最大资本。

■ 每个人都是"特别"的，又都是普通的。当你感到自己"特别"而慢心膨胀时，要去想：我只是个普通人；当你觉得自己太普通而自卑沮丧时，要去想：我是特别的。

盈利三部曲

产业收入：以农业生产带来的直接收入。收益低，温饱水平。

经营收入：通过采摘，餐饮，住宿，体验，市民农园等项目的经营，通过正确的经营和管理，能实现盈利 甚至可观的收益，但一般有一定的周期，投资回收期长短取决于项目。

资源开发：通过产业资源的再开发，如金融，地产，养老等产业开发，或商业模式的再设计，实现高回报。

机会识别解决的是生产什么特征与品质的产品问题。商业模式解决的是这些产品如何生产和实现盈利的问题。商业模式是创业机会开发过程中的重中之重。商业模式说明了企业如何通过对价值发现、价值创造、价值占有三个环节的因素进行设计，在创造顾客价值的基础上，为股东创造企业价值，为商业伙伴创造伙伴价值。从本质上讲，商业模式是企业的价值创造和商业性物种，农业新业态：

1. 新零售——休闲农业复合业态

2. 体验经济——农业创意观光工厂

3. 共享经济——共享型平台农庄价值占有逻辑。

与其更好，不如不同

新时代休闲农业与乡村旅游经营思想：

目标精准化

农庄主题化

场景故事化

产品人性化

■ 生命中来来回回的那么多人，你做不到对每一个人都用心，也没办法让所有人都喜欢你。人生的路，自己走，难听的话，别在意，活得轻松是目的，过得自在才开心！

综合性的休闲业务

农庄的发展，因考虑消费者的需求，因此，在经营理念上因景观设计、设施农业、餐饮、住宿等项目，再加入生产就更加复杂化了，而且在游客回头客率的要求上更需要有主题化的规划设计，以吸引消费者。因此，朝综合性的休闲产业发展将一种趋势。一般综合性的休闲农业大致上可分为下列七种形态。

（1）农渔综合性休闲业务。发展休闲渔业，大部分会配合农业来发展休闲业务，例如生产与渔类或水相关的农作物，如莲花、茭白，以配合休闲渔业；也可能是渔业配

合农业发展休闲业务，围绕水资源进行景观设计，或养鱼来拓展休闲农业发展等综合性休闲业务。

（2）农林综合性休闲业务。以林业为休闲观光为主力的游乐区，为留住客户或方便客户住宿用餐，会种植高山花卉、高山蔬菜进行综合性休闲农业发展。

（3）农牧综合性休闲业务。这类休闲业务可以农作物生产为主，也可以畜牧业为主，须视其效益与投资资金大小而定，一般而言，农牧综合性休闲业务，应比农渔与农林综合性休闲业务，所需资金技术更高、更多。

（4）农渔牧综合性休闲业务。本项休闲业务一般都是已有农渔牧综合经营的生产型态，属转型发展，而且以此为综合性休闲业务，将会是未来发展的主流。

（5）农林牧综合性休闲业务。本项休闲业务的发展。需要因地制宜，根据当地土地生产结构，转型发展农林牧综合性休闲业务。

（6）渔牧综合性休闲业务。本类休闲业务建立农业资源生态循环系统，重点是畜牧与渔业的生态发展，将是离城区较远的农村地区发展的新模式。

（7）渔林综合性休闲业务。本类休闲业务属于山区型，在山区主要是打造溪流养殖。如冷水鱼、泉水鱼、水库鱼养殖等休闲农业的规划设计，其特色为少数，不能大量推广。

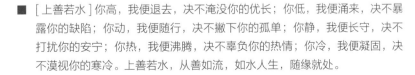

■ ［上善若水］你高，我便退去，决不淹没你的优长；你低，我便涌来，决不暴露你的缺陷；你动，我便随行，决不撇下你的孤单；你静，我便长守，决不打扰你的安宁；你热，我便沸腾，决不辜负你的热情；你冷，我便凝固，决不漠视你的寒冷。上善若水，从善如流，如水人生，随缘就处。

文化创意如何融入传统农业，才能创造出别具一格、充满体验感的农业品牌？

根本——对中国传统文化的坚守、传承和创新

战略——突出自身特色，做出产品个性

营销——深挖风土人情，嫁接传统文化

沟通——多讲品牌故事，用情感制造溢价

产品——追求一鱼多吃，创造更多消费价值

品牌——静心寻找灵感，创意产品包装

以农产品为由头（原点），以创意为核心，借助文创的力量，实现了农业的文创转型，形成多产业联动的品牌体系，整合提升农业产业价值。

■ 常无，欲以观其妙；常有，欲以观其徼。 常无是什么？ 把你的主观放在观察的位置上，不要判断，随着它，一个是认识他，第二个是顺着他。常无，那个无后面是什么？ 把你那个自以为是的判断拿掉。常有欲以观其徼，就是要细致。细致什么？ 就分辨万物，把万物的最微小的地方都知道，从不同里面看到他的相同。

■ 你的智力水平和努力程度决定你物质水平的下限，你的人际敏感度
和你的圈子决定你影响力的上限。

　　田园综合体寄托着城里人的乡土田园梦想和乡村人的城市化梦想。田园综合体作为一个纽带，连接田园梦和城市梦，连接起一群怀着田园梦的运营者、游客和新居民与一群怀着城市梦的旧居民。田园综合体一头连着乡村的美丽和活力，通向都市人的世外桃源和田园梦想，一头连着乡村商业价值的提升，能更好地带动新乡村的发展。

　　目前国内真正成功的田园综合体很少，"田园＋产业＋综合＋文化"，这才是田园综合体的正确打开方式！

『三三』建设思路

田园综合体遵循农村生产生活生态"三生同步"、一二三产业"三产融合"、农业文化旅游"三位一体"思路。田园综合体的建设，要深度挖掘乡村特色资源，倡导低碳、生态等科学理念，以乡村旅游资源与土地为基础，以乡村旅游休闲为脉络，以休闲商业为配套，以乡村休闲地产为核心，以高品质服务为保障，进行综合开发。

（1）"田园"是特色。尊重乡土，就地取材。开展特色资源普查，充分挖掘产业、山水、田园、民居等潜在优质资源，制定相应发展策略，打造地方特色，体现综合竞争力。

（2）"综合"是关键。通过一二三产业的深度融合，带动田园综合体资源聚合、功能整合和要素融合，使城与乡、农与工、生产生活生态、传统与现代在田园综合体中相得益彰。

（3）"产业"是基础。突出都市型现代农业发展，拓展农业功能，满足各产业功能要求，探索"旅游+""生态+"等模式，让各产业在规划布局中合理展开，推进三产融合发展，打造产村融合示范区。

（4）"文化"是灵魂。从生态、地域文化、风俗民情、地方特色节庆中找寻文化的主题，创新文化形式、业态模式和载体方式，满足市场和时代需求。坚持生态为先，注重生态环境保护和建设，实现文化、空间、生态有机融合。

■ 人生的高贵之处其实在于，即便你踏着七彩祥云凌驾在上空，也愿意卸下铠甲，以温柔的一面待人，为这浮躁的人世间，释放多一点的赤诚善意。这份高级，不是矫揉造作的假意，而是难得可贵的教养。

当前乡村旅游的一个热点是田园综合体，这是下一轮发展的重点。而田园综合体关键词是四个字：田园、综合。

这四个字有以下几个特点：

（1）产业为核心，是一个可生产的村落，特别是一二三产融合发展。

（2）以旅游为先导，是一个可玩的村落，旅游新发展新亮点。

（3）以文化为灵魂，是一个充满乡愁的村落。中国的建筑由过去的拆旧建新到第二阶段的修旧如旧，到现在的修新如旧。所以乡村里面一定要叫农民转变一个观念，破和旧是一种美，是一种岁月留下的痕迹，而且千万不能"千村一面"。

（4）以体验为价值，是一个可以寻找新生活的村落，所以一定要有农事体验。

（5）乡村复兴，带着农民梦想的村落。

■ 人生就像打太极，凡事不能太急，遵循规矩，遵守规律。踏实努力，良性循环。成功就是简单的事情重复做，重复的事情用心做，做出自己的风格，不忘初心，想来一切都会是最好的安排！

让建筑重拾魅力

"老建筑的修缮与新建筑的创新"

对老建筑进行修缮：尊重每一件老物，它们是生命，也是艺术品。新建筑的创新：特色农产市集、主题餐饮、原乡民宿、牛栏咖啡屋、香蜂面包坊、竹苑书屋等多种业态的创意集市，形成一个别具一格的田园小村落市集。

通过传承保护型、创新新建型、挖掘改造型三种形式完成。

➢ 传承保护型

对象：具有典型乡土建筑遗存的古村落。

对策：以保护性修缮为根本，对原有乡村聚落环境进行整体性活态化保护。内容包括了街巷形态与格局、地貌遗迹、古文化遗址、乡土建筑等，并在此基础之上进一步完善村庄道路、水系、基础配套设施，按照修旧如旧的原则，提升乡村整体文化形象，对古村落进行合理保护、利用开发。

➢ 创新新建型

对象：地理位置偏远、自然灾害频发或基础设施过于落后的乡村地区。

对策：完善住房、交通、卫生、垃圾处理等公共服务设施的基础上，实现乡村人居环境及其面貌全面提升。在村落风貌、布局设计中将乡土文化融入之中；在建筑样式、色彩、肌理等方面要有创新；在民居、乡村景观等设计方面，注重传统乡土文化传承，尊重传统生活习性。

➢ 挖掘改造型

对象：避免乡村建设中"千村一面"问题的村庄。

对策：充分挖掘地域乡土文化本质与内涵，结合被改造村落现状进行合理规划改造设计，将村落规划布局、民居形态、乡土景观、产业布局等问题进行整体考虑。将乡土元素与符号结合整体村落历史风貌进行表现。

■ 所谓优雅，就是你尊从内心活成你自己的幸福快乐的样子。优雅并不是你穿多贵的衣服，不是你克制你内心真正的自己，做一些违背自己意愿装模作样表面看起来好看的动作。当你活成一束光，自信，自由，你就会散发出一种优雅。

让农田成为景观

农村风光逐渐成为一种城市中稀缺的自然景观，人们渴望的田野风光在乡村里随处可见，农田通过设计和搭配，在较大的空间上形成美丽的景观，使得农业的生产性与审美性相结合，成为生产、生活、生态三者的有机结合体，使产区变景区。

农田景观创意：花田景观、梯田景观、农田艺术图案、农田艺术作品、科技创意、农田节庆等。

在认为已经不行了的时候，才是工作的开始，即使在工作被逼入"计穷策尽，已无办法可想"，不得不放弃的地步时，也不是终点，而是第二次开始的起点。这种执着的、强烈的信念，以及不达目的绝不歇手的"持续的力量"，是成功的必要条件。不能给自己设置界限，要不厌其烦，持续挑战。这样才有可能变"危机"为"机会"，让"失败"转为"成功"。

乡村文化是当地居民与乡村自然相互作用过程中所创造出来的所有事物和现象的总和。根据不同的划分标准，乡村文化又分为物质文化和非物质文化。

乡村物质文化指为了满足乡村生存和发展所创造出来的物质产品所表现出来的文化，包括自然景观、空间肌理、乡村建筑、生产工具等。

乡村非物质文化就是指人类在社会历史实践过程中所创造的各种精神文化，包括节庆民俗、传统工艺、民间艺术、村规民约、宗族观念、宗教信仰、道德观念、审美观念、价值观念以及古朴闲适的村落氛围等。

乡村文化景观不仅具有使用价值，且见证了先民改造自然的尝试和努力，印记了乡村的兴衰荣辱和沧桑变化，从而成为具有历史价值、文化价值、科学价值和教育意义的实物见证。

挖掘在地最有特色的文化，将其打造成 IP，成为引爆点。

让在地乡村文化聚集—Ｐ效应

■ 作家三毛说："等待和犹豫是这个世界上最无情的杀手。"你一直在等一个最合适的时机做你想做的事，然后又一直在犹豫中虚度时光。其实真正牵绊自己前行的原因不是年龄大了，而是懒惰和怀疑。真正要出发的人，随时出发，便会海阔天空。真正的旷达就是享受追求的过程，而从不在意结果的得失。

让农事成为娱乐体验

体验经济在近几年一直持续上涨，田园生活与乡村生活最大的本质区别就是对于农事的生活态度，田园生活追寻农事的悠然自得。

将陶渊明"采菊东篱下，悠然见南山"的悠闲和超脱通过农事体验展现出来，让农民觉得幸福感，有强烈的获得感，同时让游客在体验之外能满足自己的"田园梦"。

■ 如何跳脱"低水平勤奋陷阱"？想好要做什么是头等重要的。而这种思考的前提则是了解我们所处的时代。时代或许可以看作是趋势的总和，在这个万物互联技术加速突破和迭代的时代，连接是大趋势。我们也需要有一种相应的"进化"。

创意农业是以创意生产为核心，以农产品附加值为目标，指导人们将农业的产前、产中和产后诸多环节连结为完整的产业链条，将农产品与文化、艺术创意结合，使其产生更高的附加值，以实现资源优化配置的一种新型的农业经营方式。

创意农业类型：创意农业产品、创意农业景观、创意农业饮食、创意农业文化、创意主导理念、创意产业融合。

让创意农业吸金

■ 斗米养恩，担米养仇。在评价历史人物时，人们犯的错误往往是：对办了99件好事，有1件事失误的人，不依不饶；对总体做恶，偶而对你露个笑脸的人，却感激莫名。

让田园生活成为时尚

　　室内设计中有一种风格叫乡村田园风，在这个层面上解读人们的心理时，发现我们是十分崇尚田园生活的。喜欢田园的风光，喜欢田园的悠然自得。如何将田园景观打造成一种流行的时尚风，这也是田园综合体的一个引爆点。

　　我们认为时尚往往象征着高品质，设计中可以将田园生活乐趣、乡村人文、农业文明打造成一种高雅的时尚生活品质。

■ 总是嫌事小而不肯努力的人，不会有机会做大事。认真做好了一件件的小事，大事自然也就做成了。只要有一件无关重要的小事，能让你不顾功利地沉迷进去，才有可能成为有趣的、诗意的人。

让田园体验突显"意境"

与一般的农村综合性改革相比，田园综合体更注重的是"魂"的层面，致力于意境的营造，更多的是依靠自然现象——日出、晚霞、白云、微风、细雨等。设计中不能忽视这个方面，如果运用的精准，同样会成为一个引爆点。

让景观细节加分

　　突显一个设计的品质往往看景观细节，细节处理的完美会给原本理念还不错的设计本身加分。

　　景观细节：道路景观、水渠景观、田埂景观、挡土墙景观、标识景观、景观小品、动植物景观、铺装景观、栅栏景观等。

■ 上上人，有本事，没脾气；中上人，有本事，有脾气；中下人，没本事，没脾气；下下人，没本事，大脾气。生活中，一个无法控制自己情绪，且爱发脾气的人，其实就是修养不够。遇到事，先解决心情，再解决事情。如果连脾气都控制不了，即便给你整个世界，你早晚也会毁掉这一切。控制脾气才有资格谈修养，脾气的背后是你闪耀的修养与品格光辉。

　　田园综合体开发不是普通"农+游"业态打造，而是产业链创新整合！

　　（1）核心产业

　　以特色农产品和园区为载体的农业生产和农业休闲活动。

　　（2）支撑产业

　　直接支持休闲农产品的研发、加工、推介和促销的企业群及金融、媒体等企业。

　　（3）配套产业

　　为创意农业提供良好的环境和氛围的产业群，如旅游、餐饮、酒吧、娱乐、培训、田园地产等。

　　（4）衍生产业

　　以特色农产品和文化创意成果为要素投入的其他产业群。

　　田园综合体主要组成部分：第一是农业生产区；第二是景色观赏区，农业与旅游相结合；第三是休闲集聚区；第四是生活聚集区，第五是服务配套区。

农业生产区的意义不单单是为了提供安全、放心的生态绿色食物和获取相应的收入，农业与自然密切交织在一起，维持着区域的生态保护功能。更重要的是，农业支撑着区域乡村共同体的活动，可以结合当地农业特色、田园文化打造多具风格的休闲农业项目。

（1）片区优化。根据开发能力打造不同标准的现代农业示范园区，满足现代农业生产型产业园的功能要求基础上，应设立休闲农业、创意农业休闲片区，也可配备 CSA（社区支持农业）的菜园（菜田）空间。

（2）农业发展。培育农业特色品牌，打造 1~2 个经 ISO 9001、ISO 14001、ISO 22000、HACCP、GAP、CAC、

原产地保护等认证的市级以上农业特色品牌。园区定期开展宣传推广主题活动或节庆活动。

（3）功能拓展。依托景观农业，开展田园乡村观光、农耕文明传承、农事活动体验等活动；依托经济林果，开发赏花、踏青、采摘等旅游产品；依托现代农业示范园区，拓展设施农业、生态农业和高新农业技术的观赏科普功能。

（4）培育农业新型经营体系。发展专业大户、家庭农场、农民专业合作社等新型经营主体，强化园区与农户的服务和利益联结，逐步将小农户生产、生活引入现代农业农村发展轨道，带动区域内农民可支配收入稳定增长。

■ 一个人的气质和气场决定别人对你的好感。有些灵魂上的东西即使掩盖得再好，总会在某一时刻暴露无遗。

建设田园居住区及配套

打造具有整洁完善独具风貌特色的田园社区，完善的居住区及服务配套是迈向新型城镇化结构的重要支撑，构建了城镇化的核心基础。此外，在其环境打造上，必须克服高楼大厦的城市模本，小桥流水的乡村图景在这里应充分展现。

（1）村庄功能互补。完善乡村的现代生活和生产功能，围绕满足村庄原住民和外来游客需求，加强金融、医疗、教育、商业等公共服务配套，形成产城一体化的公共配套服务网络。

（2）基础设施共享。立足需求科学合理配置生态停车场、公厕、污水处理等公共基础设施，实现投资建设效益最优化。生态停车场应充分利用村内空地、废弃地、道路沟沿等合理规划建设。公厕应建成生态无害化旅游厕所，设施与卫生至少达到 GB/T 18973 - 2003（旅游厕所质量等级的划分与评定）一星级要求。村庄生活污水按照国家农村地区生活污水处理设施技术标准，结合实际选用处理工艺，合理选择城镇污水处理厂延伸处理、就地建设小型设施相对集中处理以及分散处理等方式。

（3）建筑风貌塑造。因地制宜设计农民住房户型方案，推荐采用具有本土特色的屋面、窗样、门洞、屋脊、瓦当、滴水等建筑构件进行外立面改造。其他建筑设施提倡采用原生材质作为建筑主材，让每栋建筑与自然完美融合。

（4）推进垃圾分类。全面取消垃圾房（池），配设分类垃圾桶（箱），做到日产日清。

（5）村庄绿化美化。提倡使用乡土树种，增加珍贵树种造林比重，鼓励有条件的村民庭院种植经济树种。

■过程好，结果不会差，为结果而忽视过程，结果一般不会好。

旅游休闲项目建设开发

结合田园综合体的资源禀赋，提炼出适合田园综合体发展的项目主题，打造满足客源的各种休闲需求而创造的综合休闲产品体系。

（1）旅游设施配套。统筹考虑淡季和旺季游客需求，游客服务中心位置合理，规模适度，设施、功能齐备。区内推荐配置低排放或清洁能源交通工具。注重人性化设施与服务，配备必要的无障碍设施、遮阳避雨、休息座椅等人性化设施，提供人性化爱心关怀服务。开发夜生活配套的乡村酒吧茶吧、休闲养生、康体服务、演艺演出、参与体验活动等场所，留住城市游客。

（2）特色餐饮服务。区域内农家乐和乡村酒店宜纳入统一管理，提供的餐饮服务须依法取得食品经营许可证。菜肴要突出民间、农家特色，推荐民间菜和农家菜。用餐环境必须干净整洁，有专门的餐厅，条件不具备的也可以利用自家庭院，但须做好灭蝇、灭蚊、防尘、防风沙等工作。

（3）休闲度假住宿。住宿设施重点为特色民宿、乡村庄园、乡村主题度假酒店，且能够满足游客需求。配备暖软设备或换气装置，配套设施完好，用品配备能满足顾客需要。

（4）乡村旅游购物。应在交通要道、重要景点等醒目、易达的区域合理设置购物场所，做到集中管理，环境整洁，秩序良好。销售商品应以特色农产品、花木盆景、传统生活老物件、民间工艺品等为主，体现乡土气息、打造特色品牌。

■ 在职场上，你对待问题的态度，决定了你的发展。遇到问题，能避则避，短时间来看是轻松了许多，却也错失了快速成长的机会。问题背后隐藏的是机会，聪明的人遇到问题积极面对、解决，收获的不仅功劳，还有成长。你缺少的不是机会，而是解决问题的能力。是什么？为什么？怎么办？既要思考问题，又要制定方案，还要找准路径。

■ 琴："神闲气静，雪其躁气，释其竞心，指下扫尽炎嚣，弦上恰存贞洁。" 棋："博弈之道，贵乎严谨。既要有出世之大略，又要有入世之细谋。" 书："澄神定虑，端己正容，正书居静以治动。" 画："盖能不及妙，妙不及神，神不及逸。"

可以是自然景观，也可以是有特色的人造景观。规划、设计、建设过程中应以挖掘本地自然人文资源，以自然景观、历史文化为重点，塑造特色风光，提升品位形象。

（1）生态修复。对区域内山体、森林、湿地、植被等自然资源进行生态保育，保持原生态自然环境。区域空气质量优良天数明显高于全市平均水平。对区域内坑塘河道进行综合治理，保持水体清澈、水质清洁、岸坡稳定和水流通畅。岸边宜种植适生植物，绿化配置合理，养护到位。

（2）绿道建设。对区域内旅游线路及周边环境整治提升，主干道应为三级以上公路，道路交通标识设置合理、美观，路面宜黑色化处理，适宜路段可采用"海绵城市"透水道路系统，次要道路宜乡土生态铺装。道路两侧应种植经济林果和绿化苗木，区域内林相、植被丰富，形成四季景观。

（3）自然景观。对丘陵山地、水乡圩区、大地景观等区域内极富代表性的独特山水资源进行开发与利用，打造一批观赏型农田、名优瓜果园，观赏苗木、花卉展示区，湿地风光区，山水风光区等自然景观区。

（4）人文景观。立足本地历史文化资源，把古树名木、文物古迹、建筑遗存以及非物质文化遗产等纳入历史文化保护对象。以本地历史遗存、事件传说、地名人物、传统民俗活动等为载体，建民宿文化馆或博物馆，打造特色人文景观，传承农耕文化。

田园特色景观风貌建设

4 大设计转型思路

功能转型，从简单的农作物生产功能到集生产、加工、销售、展示为一体的复合功能。

模式转型，从农业模式转成农业＋的模式。

产业转型，从农业产业链转变为综合的产业链，产业链从生产端向体验端转移。

价值转型，从早期的田园产出不高到拓展新的价值空间，实现经济价值、生态价值和生活价值。

■ 抬头看天是一种方向，低头看路是一种清醒；抬头做事是一种勇气，低头做人是一种底气；抬头微笑是一种心态，低头看花是一种智慧。

■ 纵观上、中、下，横览高、平、宽，居上时想到下，立高时寻找宽。其中最关键的，是平衡。

1. 生态的保护、修复与重塑

对农田、水域、山林、村庄、道路、景点等进行系统梳理，保护自然、山、水、田园的基本格架及乡土风貌，保护和修复生态系统，重塑田园生态景观。

2. 创造具有地域特色的景观

对地域的文脉、地脉进行深入挖掘，创造具有地域特色的自然和文化景观，特别是水景观、植被景观、建筑风貌景观和风景道、绿道、创造意境、美化环境，形成地域鲜明的旅游景观形象。

3. "和谐" 型自然田园社区

科学地布局建筑道路和城镇设施，将田园与建筑、城镇设施融合，建筑与山石、水体、植被、田园共同构筑自然美、环境美，建设人与自然、人与田园十分和谐的田园社区。实现田园即社区，社区即田园。

4. 农业及自然景观专业设计

景观节点、景观轴、景观区域的专业设计。

5. "人本" 型田园活动空间

提供人们自然的、舒适的生产、生活、游憩的室外空间，激发人的朝气和探索精神。

6. 乡土文化时空双维度衍生

将乡土文化，区域文化、历史文化、游憩文化等融入其中。

精品民宿品牌打造

美好生活是什么样的——
"九万里悟道，终归诗酒田园"；
与大自然亲近是美好的——
"谈笑有鸿儒，往来无白丁"；
结交气味相投的朋友是欢喜的——
"天、地、人"三个字中蕴含着
几千年来中国人的精神密码
在天地之中爱人，
在田园中构建美好生活聚落，
是真正的人间乐土。

民宿作为一种旧乡愁与新乡土相结合的产物，被称之为有温度的住宿、有灵魂的生活。真正的民宿提供的应该是个性化的非标准服务，讲究的是入住体验，追求的是人文情怀，契合的是在地文化。

民宿的本质是一种独特的生活方式，是最小单位的旅游吸引物。

■ 能认识到是一种智慧，能做到则是一种能力和魄力。在日常生活中，智慧很重要，能力也很重要。如果你有智慧，能发现问题，认识到问题，但无法解决问题，也就是你能认识到，但做不到，你的智慧也会显得苍白而没有力量。所以自古成就的人都是能认识到也能做到。一个人不仅要有智慧，还要有行动力，才能成就。

民宿人格化

民宿本身不值钱，值钱的是民宿的人格化。民宿是有思想、有文化、有情调的。

民宿总是伴着情怀，这种情怀有关童年记忆、率真回归、原生态向往，因此，民宿一诞生立马引起都市人群的内心共鸣。用几天或者一夜的时间，去放空自己，去寻找一场久违的自我对话。

大家消费民宿，更多的就是消费民宿传递的这种生活方式。在繁琐、芜杂、忙乱、疲惫、压抑、焦躁、挫败的生活中寻找心灵的释放和休憩，以及对自我的重新认知和肯定，这是现代都市人在强压下本能的一种向往和追求。

民宿的价值却是不断攀升的，就像一坛老酒，越是经历时间的沉淀越是醇香。

■ 于生命而言，最可怕的并不是外界的变化，而是自我固守。固守的人不知道：生活中很多东西失去了就不会再来，继续等待，就像等待一朵委地的春花，由打皱到枯萎到化为尘泥，事情只会更糟，我们真正应该做的，是将不愉快的过去洗掉，带着微笑开始新的路程。

我们说民宿是升值的，但不代表每个人的民宿都是升值的。

因为，民宿本身不值钱，所有精心打造的民宿外观和陈设都有被复制的可能，脱离了人的因素，民宿啥也不是。

老实说，在如今的智能、精准、网络、移动、社交环境下，所有的平台都是通道，所有的营销策略都是锦上添花，所有的商品都可能被复制，并短时间内大量复制。

能够区分自家商品的唯有将商品人格化，能够让顾客认同的也唯有将商品人格化。

好好混社群吧。给自己混个好人缘，让自己拥有良好口碑，从而让自己独具魅力。

当你拥有了个人魅力，你自己本身就变成了平台，具备了媒体属性，你就可以吸引更多的人脉，打造出更大的资源能量。

创意要用心，体验要深化

　　有创意的产品，才具有恒久的生命力，能带给游客以心灵的共鸣和别样的感受，强化游客的黏性。无论是产品、包装，还是景观小品，都要注入创意的思维，可适当结合时尚元素，让游客有耳目一新，眼前一亮的效果。现在消费者的审美都在提高，创意民宿的审美也要不断紧跟消费者。

　　项目的设置要加强互动环节，引导游客深入体验，从中获得知识、技能或者新鲜的经历。例如在休闲牧场，游客不仅可以观察动物的习性，还可以亲自喂养动物，感受

人与动物的和谐共处。也可以参与体验喂奶牛、挤牛奶、喝生奶的全过程，感受牧场农家的生活，并学习到一些动物饲养知识、挤奶的手法等，给人留下一段难忘的经历。

乡村可用的资源很多，举凡自然资源、农业资源、乡土文化、乡村建筑、民间技艺、民俗节庆、传统手工等等，只要善加利用，都是难得的宝贵素材。只要运用得当，加入一定的创意改造，能够起到意想不到的效果。

■ 对人影响至深的两个关键词：视野和格局。视野是看待问题的广度，多走多看，要认识到自己的渺小。而格局是认知事物的深度，看到的东西多了，往往体会也就更加深刻。

『人对人』的体验

当大部分的民宿都在硬件与主题上达到了同一个平台高度，由于投资额度的限制，如无法在硬件投资上拉开距离以产生差异化来吸引旅客，它必然会在软件上去找突破点。在快速的发展后，民宿产品的进程必然放缓，将会有时间去思考民宿的根本。民宿是"人对人，而非人对系统的产品。"民宿爱好者追求的新奢华是真实、沉浸式的体验，喜欢收集记忆。

因此，重点将是"主人文化"。在一个小小的民宿里，店长是主角，他的助理们是配角。我们所听所闻的国外民宿体验回忆，触动我们心灵的是店长跟老板娘（一般就是民宿的业主）如何接待旅客，如何分享当地的风土人情，分享自己的人生起伏、遭遇及经验，由店主自己当司机、导游、亲自下厨等。这是实实在在的体验，给旅客留下动人、感人的记忆。未来民宿需要提供的"人对人"的体

■ 为什么大多数人宁愿吃生活的苦，也不愿吃学习的苦？生活的苦难可以被疲劳麻痹，被娱乐转移，最终习以为常，可以称之为钝化。学习的痛苦在于，你始终要保持敏锐的触感，这不妨叫锐化。学习本就是认知边界不断扩宽的过程，需要你主动思考和汲取，是延迟满足感的精进过程。越是不断地拓宽知识的边界面，越是觉得自己知识储备量的贫瘠与荒凉。

验，这将是未来民宿的差异化。

但在建设民宿前，理想状态应该是要先物色好店长，让他参与到他/她自己店的设计。他/她应该是一个热爱民宿所在地的人，一个喜爱大自然的人，一个有丰富人生经验的人，一个喜欢交朋友的人，一个会享受生活的人，一个热衷于为人服务的人。按照他/她的思路给他/她一个载体，一个舞台，让他/她有个地方，真挚的去发挥自己。

店长可以是喜欢写作的，写诗的，画画的，雕塑的，玩音乐的，自然科学的，修行的、哲学的等。民宿设计中可以结合他们的喜好，提供一个角落、一个空间、一个环境让他们在工作跟闲暇时都能做自己喜欢的事。有主人文化的民宿 + 主题设计的民宿，其变化是无穷的。

■ 有人用"VUCA"来描述我们所处的商业世界，未来的世界一定是不稳定的(Volatility)、不确定的(Uncertainty)、复杂的(Complexity)，以及模糊的(Ambiguity)。在这个VUCA的时代，企业只有快速应变才有可能活下去，变革管理将会成为企业生存的基本功。

开放的心态，善于分享互助

国内民宿经营得较为成功的区域，有一个共同的特点，那就是成行成市，民宿间的客人不是争夺，而是分享互助。

有些区域会有自己的微信群，谁家客满了或者不符合客人要求的，主人会主动推荐到另外一家。这只是一个小小的例子，您试想一下，除了这种小事，往大的层面看，不同区域、不同目的地的民宿产品如果可以成为一个系统进行打包，弥补彼此的淡旺季，甚至提前变现，彼此的分享互助及互通，带来的是更大的价值，这是民宿主人在考虑经营民宿时应具备的格局。

同时，在民宿地点的选择上，也应注意与周边环境结合起来，选择一个成熟的民宿环境和社区，会解决除了客源之外很多实际的问题，比如供水供电等，经营会取得事半功倍的效果。

创意是一种习惯。我们经常说这个人很有创意，一定是他平时就有善于学习和思考的习惯。

跳出民宿看民宿，能给民宿注入更多的生命力。

民宿不能单独看成住宿，而应该与周边环境融为一体，保留当地特色生活。如果只是住宿，很难竞争过酒店，给客人留下的理由。此外游客住民宿是为了旅行休闲，感受另外一种生活方式。

民宿要借用环境、人文等要素，注意设计感与卖点，把餐饮、房、人、物产等结合起来，民宿经营会看到另一片新天地。

■ 我们不能总是渴望在别人身上去获取多少多少的价值，真正的价值，是人与人交流之后，思想的相互碰撞，是相互给予。有的人只喜欢获取而不愿意奉献，可曾想过，当你只知获取不知奉献的同时，你获取的数量也会不断地减少。当人把自己局限在利己的圈子的时候，你的选择的范围会变小，能力范围会变小，甚至你的人脉范围会变得更小。

社群商业与自媒体传播

当前的民宿做广告的平台多是旅游平台，贩卖住宿，对于大酒店适用。

而民宿是"小而美"的个体，属于场景范畴，其内核是社群商业。社群商业的要义便是去中介化，充分运用场景营销。

因此，民宿经营者要意识到自媒体的力量，以及如果将社交平台利用为自己的直销渠道。社交属性就可以做足经营特色与调性，找准自己的客户群，做到精准营销，效果事半功倍。

民宿最重要的就是文案、美编，这个工作等同于大酒店的公关、销售。旅客接触民宿的方式，大部分客源来自与网络相关的平台（平面媒体、微信公众号、线上旅行社、App、酒店官网）。毕竟民宿与城市人的居住地是有实际距离的。因为资源有限，无限的网络力量就成为民宿推广的最佳途径。这就回到在一个实体民宿里，在它有限的面积与空间中，如何去体现它不同的功能。其概念可能不是一个房间一个什么功能，而是一个房间的角落一个什么样的功能。这样一来，各个角落都需要能让文案、美编摄取所要的图片来协助描述他们要说的故事。

■ [禅心三乐] 解决之乐：愚者抱怨世界，智者解决问题。转变之乐：改变心态，就能改变世界。当下之乐：当下过好，就能处处过好。以禅的智慧来修炼自己的心，让自己学会接受现状，学会改变自己的心态，学会快乐地过好当下，真正学会了这三点后，你一定会发现，快乐其实很简单。

软装设计

林语堂先生说过："最好的建筑是这样的，我们居住其中却感觉不到，自然在哪里终了，艺术从哪里开始。"

一个空间是有生命的，无论你花了多少钱去装修，如果没有合适的家居、饰品、花卉、绿植去点缀，去和这个空间产生互动，那么，它就仍然是硬邦邦的钢筋水泥。

软装设计，就如同把灵魂注入空间的驱壳里，空间才能够活化起来。

➤ 民宿的软装要传递温度

民宿是旅人休息的地方，要设计出温暖的意境，那便是一种"慢生活"的态度，民宿是在陌生的地方，让人而已内心安宁并且让时间停止的宁静之所。

➤ 民宿的软装要采用原生材质

采用原生态的材质，比如老木梁或木制材料，在精致与粗糙之间，带给人许多怀旧的味道，保留了我们对过往生活的一种回味。

➤ 民宿的软装要善用花花草草

在民宿软装设计中，绿植和花艺的设计是一个重要的组成部分，有时候一株植物就是空间品质改写者。

民宿所代表的，是一种自由洒脱，纯粹自在，更贴近真实的生活方式。对历史与现实、城市与乡村、人文与科技的沟通、理解与融入，应该是我们未来民宿设计创新的核心。想要在民宿这场江湖中实现突围，不妨利用好软装设计这把利剑。

■ 领导（老板）再年轻，他也是领导（老板）；敬重他，是因为他
负责整个团队，不是年纪问题，是岗位决定的。自己的身份再
高，也不能在自己的领导（老板）面前摆架子，除非你已经准
备离开这个团队。

民宿产业链延伸

➢ 民宿、集成建筑

精品民宿、民宿村落、民宿资源开发、度假酒店民宿设计与建造、民宿投资、帐篷酒店、模块房、轻钢集成房屋、集装箱房、各种绿色节能环保房屋、屏风、移动木屋、木结构、竹结构、新型木塑、移动厕所等。

➢ 设施与配套

新中式家居、船木家居、户外家具、布草、灯饰、文创用品、露天休闲设施、充电桩、安防、监控器材、智能设备等。

陶瓷卫浴、艺术瓷砖、智能锁具、暖通制冷设备、泳池桑拿设备、民宿水处理设备。

➢ 运营投资及连锁加盟

政府扶持基金、众筹平台、民间投资机构、旅游推广机构、培训机构、城市短租平台、民宿运营平台、品牌运营机构等。

➢ 健康养生与民俗文化

康养城市、养老地产、旅居度假、生态旅游、康养民宿、休闲农庄、景区景点、园林园艺、绿色有机果蔬、季节养生类产品、传统药膳食材、养生药膳，针灸、推拿、火罐及相关传统健康器材、文艺机构演出、非物质文化遗产等。

➢ 休闲运动设备

康房车营地、滑雪装备、登山设备、山地自行车、室内儿童乐园、秋千、滑梯、蹦床、旅游产品、户外用品、营地帐篷、运动装备、露营食品等。

■ 真正的换位思考，是换到让自己不舒服的位置上去思考。

后记

本书是"新农人三部曲"——《创意农业的道与术》《创意民宿的道与术》《农业品牌的道与术》的第三部。未来的营销是品牌的竞争。品牌农业是现代农业的重要标志。在农业品牌建设的道路上，我们不是去思考哪些产品更适合品牌化，而是去探索农业应该如何实现品牌化，因为品牌是市场竞争的最高层级。本书从大农业范畴来探索如何通过品牌革命助推乡村振兴之路，也是新农人共同关心的命题。

自从 2016 年出版"新农人三部曲"首部《创意农业的道与术》以来，历经三年左右，终于完成。在这套书的撰写过程中，笔者将其定位于休闲读物，追求"极简，少即是多"理念，尽量减少文字，增加图片，穿插人生感悟，增强可读性和思想性。本书不植入广告，也

不用于商业用途。

在本书出版过程中得到了温州科技职业学院的大力支持，书画家谢慈恩先生为本书封面题字并作画。同时，借鉴、吸收或引用了胡晓云、谈再红、荣振环、陈锡文、柯炳生、向明生、史亚军、侯云春、张玉玺、毕美家、唐珂、张玉香、王良燕、胡坚、徐伟、娄向鹏、韩志辉、刘鑫淼、韩旭、范晓屏、翟舒芳、吕彦、陈春花、李翔等专家的观点，借鉴、吸收或引用了里斯品类战略、休闲农业和乡村旅游、田园综合体规划设计、读道田园综合体、特色小镇数据库、民宿经营管理等微信公众号以及相关书籍的观点，还有出版社和编辑，在此一并致谢！

由于作者水平有限，加之时间仓促，书中若有不妥或错误之处，请各位读者及时批评指正，本人不胜感激。

陈国胜

2018 年 8 月 10 日于温州双乐居

■ 我们能从那"行藏有道，顺其自然""活在当下，用在当下""一心不乱就是禅""人天合一即是道"中领略"自然是道""大道至简"，进而明白"一切境界皆是沿途风光"的"无住"般若。